学习

Eureka Math®
5年级
模块6

Great Minds PBC is the creator of Eureka Math®,
Wit & Wisdom®, Alexandria Plan™, and PhD Science™.

Published by Great Minds PBC. greatminds.org

Copyright © 2020 Great Minds PBC. All rights reserved. No part of this work may be reproduced or used in any form or by any means—graphic, electronic, or mechanical, including photocopying or information storage and retrieval systems—without written permission from the copyright holder.

ISBN 978-1-64929-284-1

1 2 3 4 5 6 7 8 9 10 CCD 25 24 23 22 21 20

Printed in the USA

学习·练习·成功

Eureka Math® 的学生教材 *A Story of Units*® (幼儿园到 5 年级) 可以在学习、练习、成功三合一课程中取得。本系列支持差异学习和辅导，同时保持学生教材条理清晰且易于使用。教育人员会发现学习、练习 和 成功 系列还具备连贯性的介入响应模式 (Response to Intervention / RTI)，因此学习更有效率，并提供额外练习和夏季学习资源。

学习

*Eureka Math 学习*可作为学生的课堂伙伴，帮助其展示自己的想法、分享他们知道的内容、看着他们每天累积知识。学习通过容易存放和浏览的书册集合了每日的课堂作业——应用题、课堂反馈条、习题集和模版。

练习

每堂 *Eureka Math* 课程从一系列充满活力、欢乐的熟练度活动开始进行，包括 *Eureka Math 练习*的内容。精通数学的学生可以更深入地掌握更多教材。通过练习，学生将掌握新习得的技能，并加强以前的学习，为下一堂课做准备。

学习和练习一起提供学生用于核心数学教学所需的所有印刷教材。

成功

*Eureka Math 成功*让学生可以独立学习并精通内容。每一课的额外习题集都与课堂的教学一致，因此非常适合当作家庭作业或额外练习。每个习题集都伴随一个家庭作业助手，它是一组说明如何解决类似习题的练习例题。

老师和导师可以使用前一年级的*成功*课本作为课程一致性的工具，以填补基础知识的落差。随着熟悉的模型加强与当前年级内容的联系，学生将蓬勃发展，并更快地进步。

学生、家庭和教育人员：

谢谢您加入 *Eureka Math*® 社区，我们在此赞扬数学带来的乐趣、美好和震撼。

通过丰富的经验和对话，新的学习会在 *Eureka Math* 的课堂中获得启发。学习课本将学生所需的提示和习题顺序交到他们的手中，以展现并巩固他们在课堂里的学习。

学习课本里有什么内容？

应用题： 解决现实世界中的问题是 *Eureka Math* 日常教学的一部分。学生在各种全新的情况下运用他们的知识，可建立信心和毅力。本课程鼓励学生使用 RDW 流程—阅读习题，画图以理解习题，并写出算式和解题方法。当学生分享他们的作业并互相解释他们的解题策略时，教师会提供帮助。

习题集： 精心安排的习题集让学生有机会能在课堂上进行独立作业，并提供多种不同的切入点。老师可以使用"准备和定制"流程为每个学生选择"必做"的题目。某些学生会比其他人完成更多题目；重要的是，通过老师稍微的提点，所有学生都有 10 分钟的时间立即练习所学内容。

学生通过习题集达到每堂课的高峰点——学生汇报。在此学生会与同学和老师进行思考，说明并强化他们当天有疑问、注意到和学习到的东西。

课堂反馈条： 学生通过每日的课堂反馈条向老师展示他们的知识。这项理解程度的检查为老师提供了当天教学成果的珍贵实时证据，进而为下一次的教学重点提供重要的见解。

模板： 有时，"应用题"、"习题集"或其他课堂活动要求学生拥有自己的图片副本、可重复使用的模型或数据集。所有这些模板会在需要用到的第一堂课提供。

在哪里可以了解更多 Eureka Math 的资源？

Great Minds ® 团队致力于通过不断增加的资源库，为学生、家庭和教育工作者提供支持，网址为：eureka-math.org。该网站还在 *Eureka Math* 社区提供了一些令人振奋的成功案例。通过成为 *Eureka Math* 优胜者与其他用户分享您的见解和成就。

祝福您一整年都充满着灵光乍现的时刻！

Jill Diniz

吉尔·迪尼兹（Jill Diniz）
数学总监
Great Minds

读–画–写流程

Eureka Math 课程让老师通过简单且可重复的教学流程支持学生解决问题。读–画–写（RDW）流程要求学生

1. 阅读习题。
2. 画图与标记。
3. 写出算式。
4. 写出文字算式（陈述）。

本课程鼓励教育人员加入以下问题来加强教学流程，例如：

- 你看到了什么？
- 你能画点东西吗？
- 你可以从你画的图中得出什么结论？

通过这种系统性与开放性的方法，学生参与习题推理的程度越深，他们就越能将思考过程消化吸收，并且在未来更能直觉性地应用这些技能。

内容

模块6：用坐标平面解决问题

主题A：坐标系

第1课 1

第2课 9

第3课 17

第四课 27

第五课 33

第6课 43

主题B：坐标平面中的模式和规则中的图形数字模式

第7课 53

第8课 63

第9课 73

第10课 83

第11课 93

第12课 101

主题C：在坐标平面中绘制图形

第13课 111

第14课 119

第15课 127

第16章 133

第17章 141

主题D：在坐标平面中解决问题

第18课 147

第19课 155

第20章 161

主题E：多步词问题

 第21课 165

 第22课 165

 第23章 165

主题F：回顾年：反思*单位的故事*

 第26章 171

 第27章 179

 第28章 181

 第29课 191

 第30章 195

 第31章 199

 第32章 203

 第33章 209

 第34章 211

园丁连续种植一些万寿菊。该行长2码。花必须隔开 $\frac{1}{3}$ 两码分开，以便他们有适当的成长空间。园丁在0处种植第一朵花。在数字线上放置点以显示园丁应将其他花朵放置在何处。此行中将容纳多少万寿菊？

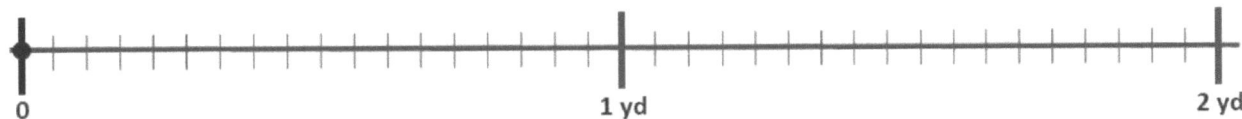

阅读　　　　绘画　　　　编写

第1课：　　在直线上构建坐标系。

姓名 _____ 日期_____

1. 每个形状都放置在数字线上的一个点上 s。在下面给出每个点的坐标。

   a. ✖ _____ b. ★ _____

   c. ● _____ d. ■ _____

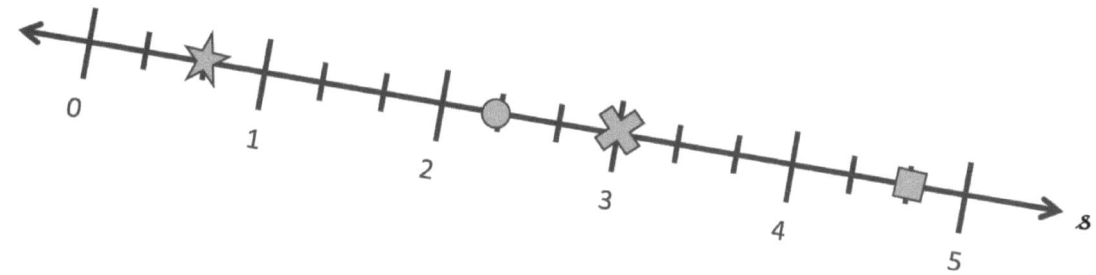

2. 在数字线上绘制点。

   a.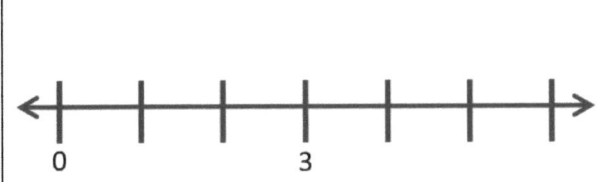

   情节一个使其与原点的距离为2。

   b.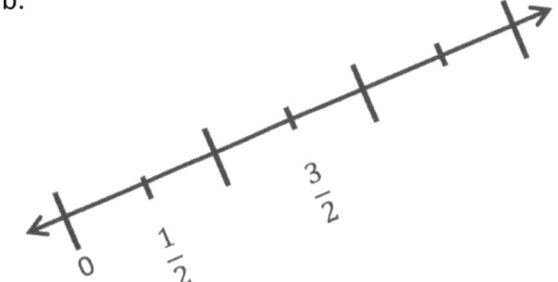

   情节 R 因此它与原点的距离是 $\frac{5}{2}$。

第1课： 在直线上构建坐标系。

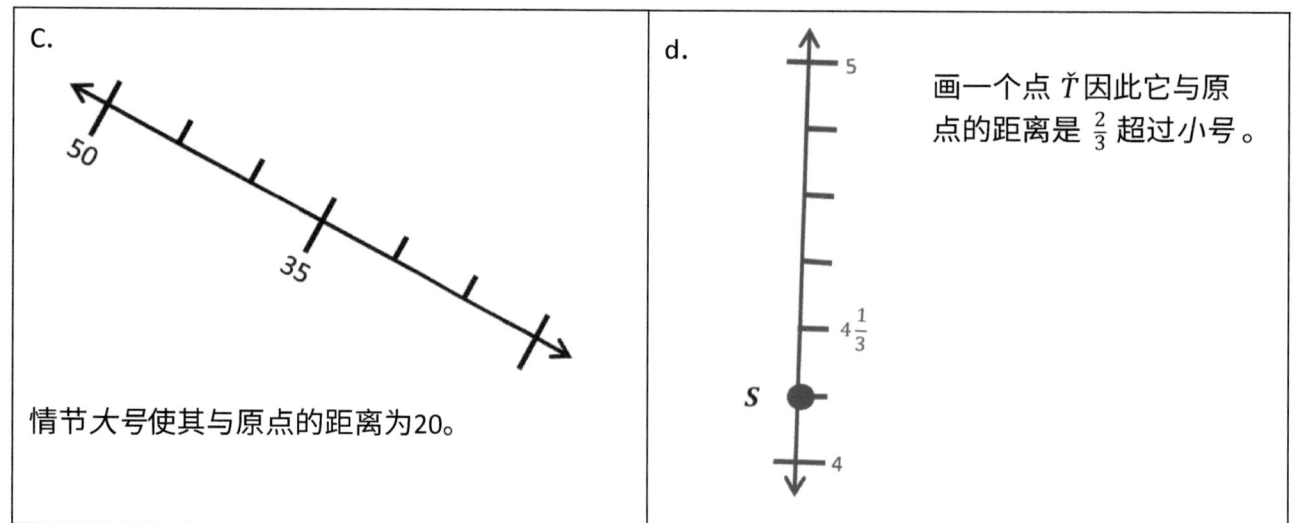

3. 号码线 𝑔 标记为0到6。使用号码线 𝑔 下面回答问题。

a. 绘图点一个在 $\frac{3}{4}$。

b. 标记位于的点 $4\frac{1}{2}$ 如乙。

c. 标记一个点，C，其与零的距离比的距离大5 一个。

的坐标 C 是_____。

d. 画一个点 d，其与零的距离为 $1\frac{1}{4}$ 小于乙。

的坐标 d 是_____。

e. 距离 $Ë$ 从零开始是 $1\frac{3}{4}$ 超过 d。绘图点 $Ë$。

f. 位于中间的点的坐标是什么一个和 d？_____
标记这一点 F。

第1课： 在直线上构建坐标系。

4. 范太太让她的五年级生创建一条数字线。Lenox在下面创建了数字行：

帕克斯说，莱诺克斯的数字线是错误的，因为数字应始终从左到右增加。谁是正确的？解释你的想法。

5. 一名海盗在他的藏宝图上标记了棕榈树，并将其埋葬珍惜30英尺远。
您认为他能够轻松找到他回来时的宝藏？为什么或者为什么不？
他可能会怎样使其更容易找到？

单位的故事　　　　　　　　　　　　　　　　　　　　　　　第1课课堂反馈条　5•6

姓名 _____　日期 _____

使用号码线 ℓ 回答问题。

a. 绘图点 C 因此它与原点的距离为1。

b. 绘图点 E $\frac{4}{5}$ 比原点更近 C 。它的坐标是什么？_____

c. 在中点绘制一个点 C 和 E 。贴上标签 H 。

第1课：　　　　在直线上构建坐标系。

图为石溪村的一个十字路口。

a. 该镇希望修建两条新路,榆树街和国王街。榆树街将与小绵羊牧场路相交,平行于大街并垂直于石溪路。素描榆树街。

b. 国王街将与大街垂直,并从上绵羊牧场路与东大街的交汇处开始。素描国王街。

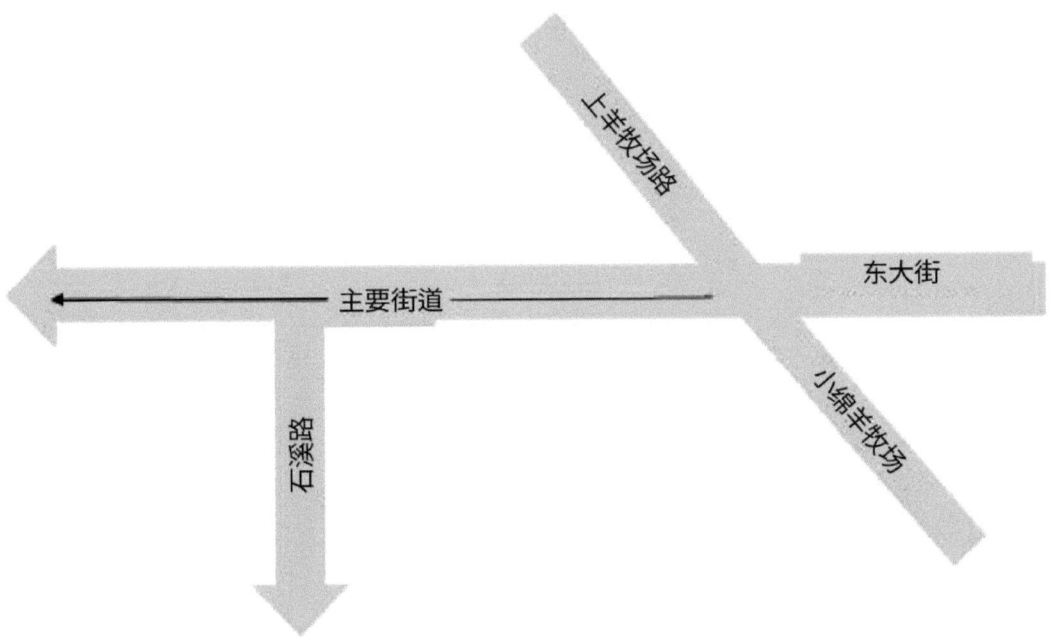

阅读　　　　绘画　　　　编写

第2课：　　在平面上构造坐标系。

姓名 _____ 日期 _____

1.
   a. 使用三角尺画一条垂直于 x -通过点的轴 P，Q 和 R。将新行标记为 y -轴。

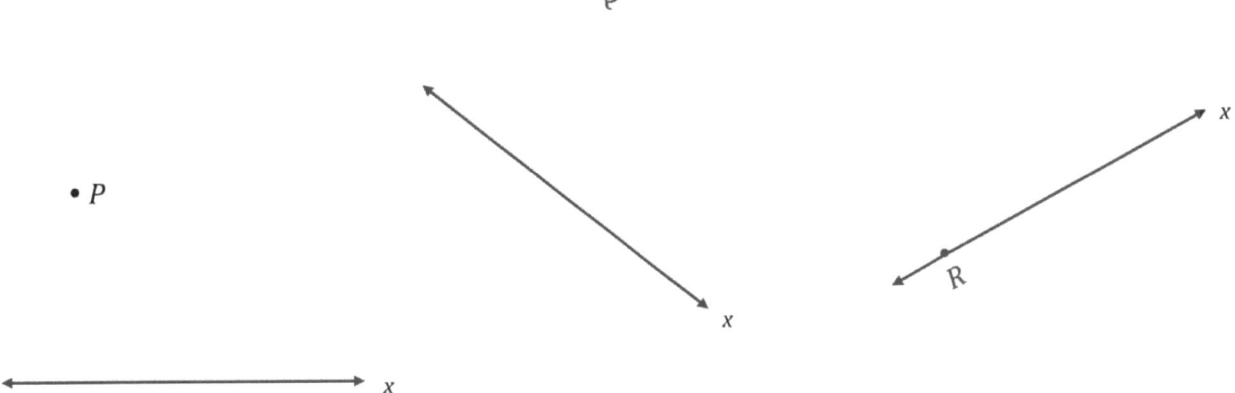

   a. 选择上面的一组垂直线之一,然后创建一个坐标平面。在每个轴上标记7个单位,并将它们标记为整数。

2. 使用坐标平面回答以下问题。

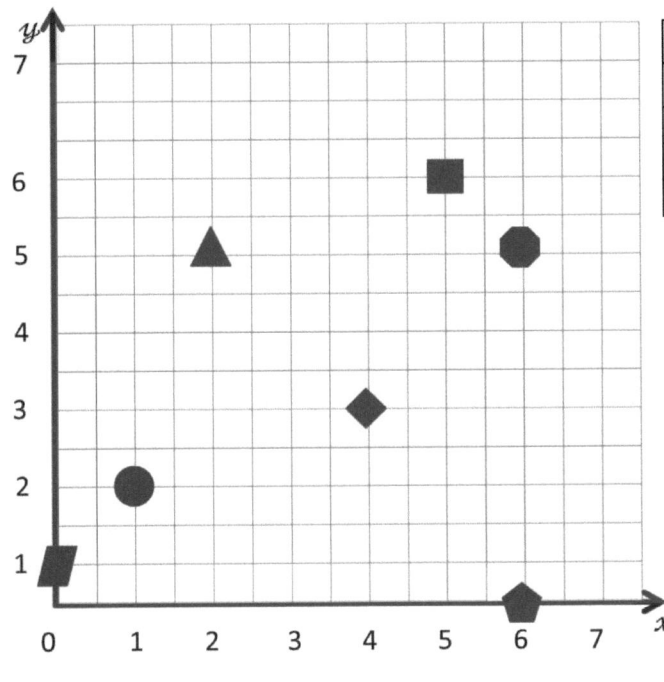

   a. 在每个位置命名形状。

x -坐标	y -坐标	形状
2	5	
1	2	
5	6	
6	5	

   b. 形状是从2个单位 y -轴？

   c. 哪个形状有 x -0的坐标？

   d. 形状是从 y 轴和从3个单位 x -轴？

第2课： 在平面上构造坐标系。

3. 使用坐标平面回答以下问题。

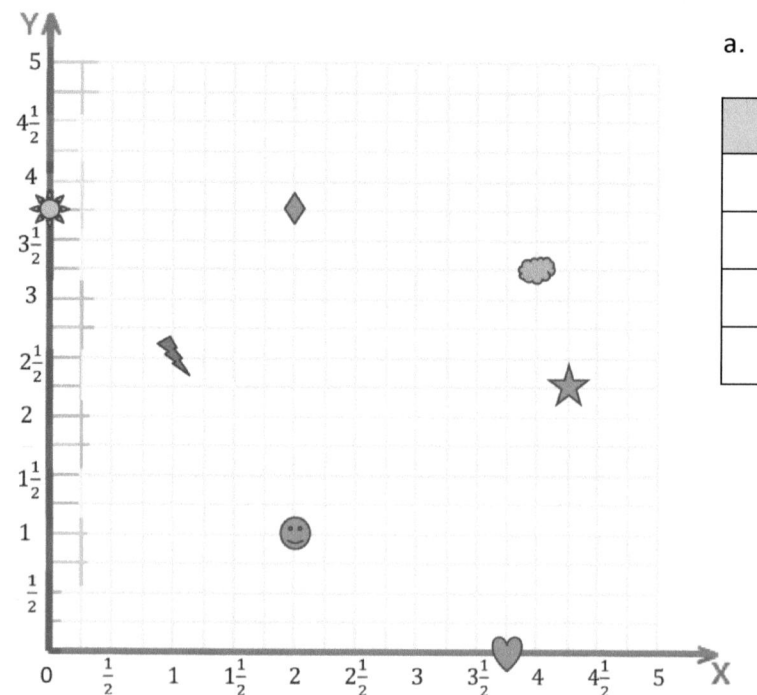

a. 填空。

形状	x-坐标	y-坐标
笑脸		
钻石		
太阳		
心		

b. 命名其形状的形状 x-坐标是 $\frac{1}{2}$ 超过心脏的价值 x-坐标。

c. 在 $(3, 4)$ 处绘制一个三角形。

d. 在 $(4\frac{3}{4}, 5)$。

e. 在 $(\frac{1}{2}, \frac{3}{4})$。

4. 海盗的宝藏埋在 ✖ 在地图上。坐标平面如何描述它位置比较方便?

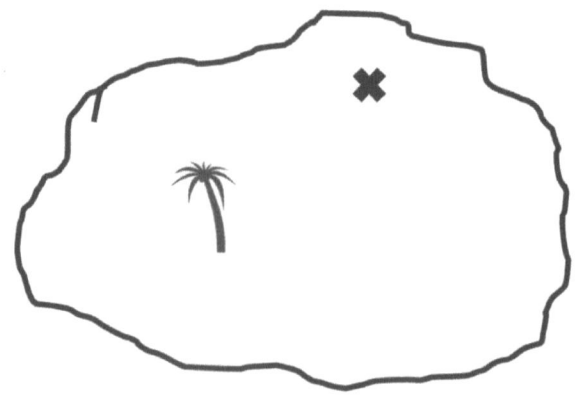

姓名 _____   **日期** _____

1. 在下面命名形状的坐标。

形状	x-坐标	y-坐标
太阳		
箭头		
心		

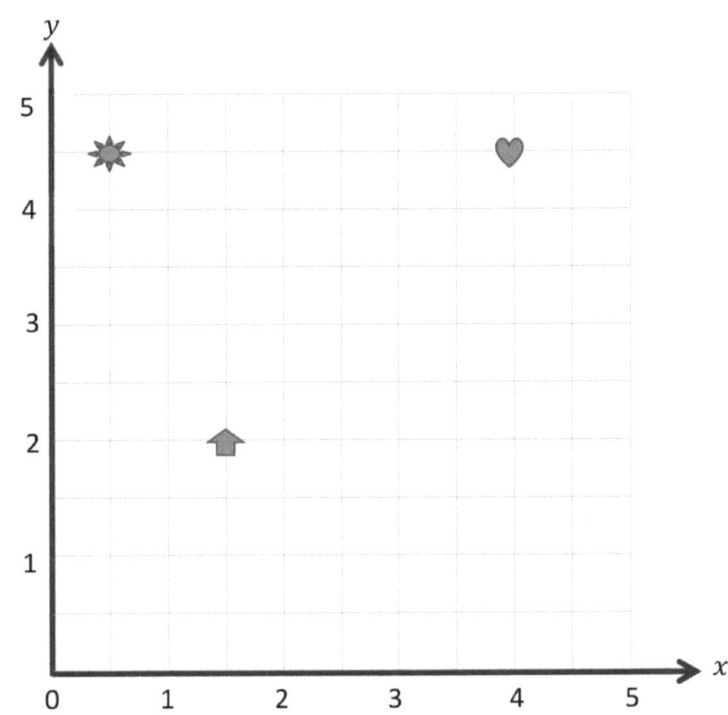

2. 在 $(3, 3\frac{1}{2})$。

3. 在 $(4\frac{1}{2}, 1)$。

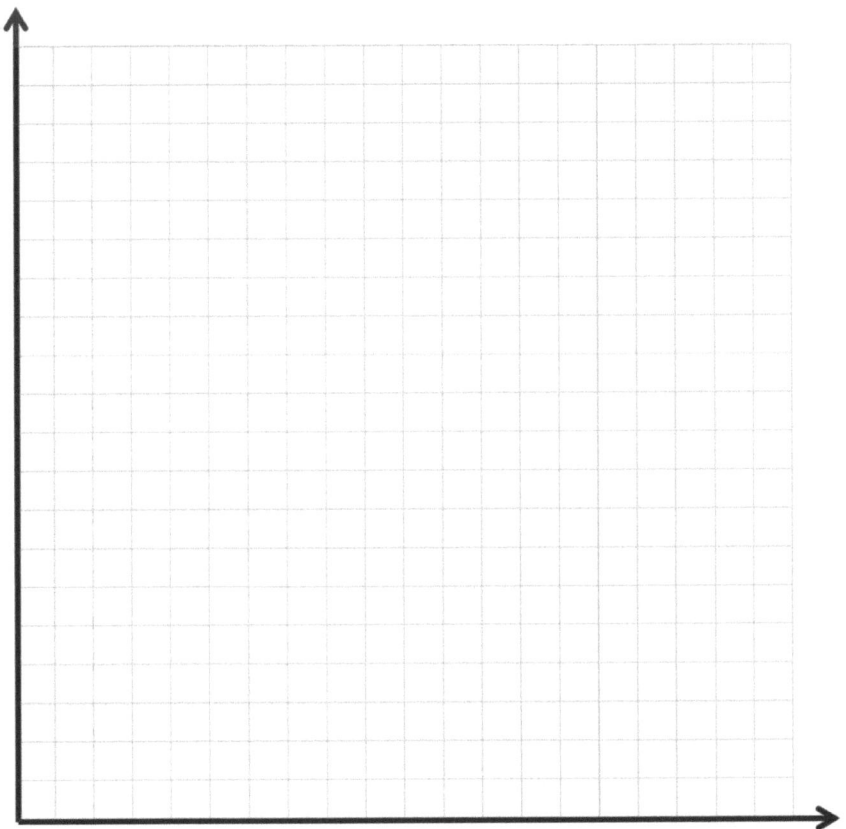

坐标平面

第2课： 在平面上构造坐标系。

单位的故事

第3课应用题

一艘船的船长有一张图表，可帮助他在各岛上航行。他必须遵循显示渠道最深处的观点。列出队长需要遵循的坐标，以便与他们相遇。

1. (____, ____) 2. (____, ____)

3. (____, ____) 4. (____, ____)

5. (____, ____) 6. (____, ____)

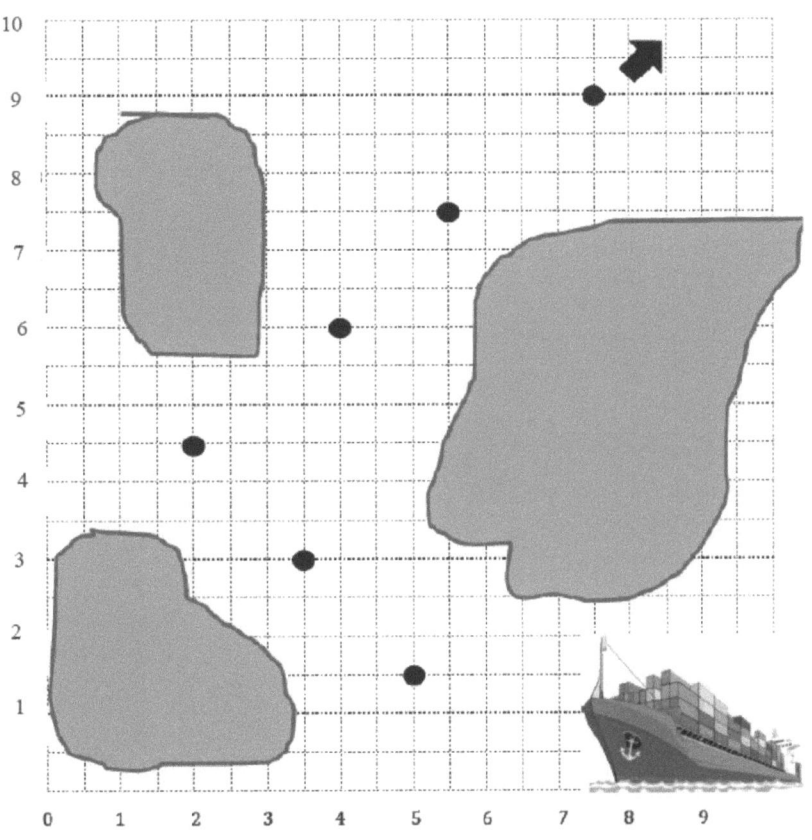

阅读　　　　　绘画　　　　　编写

第3课：　　使用坐标对命名点，并使用坐标对绘图点。

姓名 _____   **日期** _____

1. 使用下面的网格完成以下任务。

   a. 构造一个 x 穿过点的轴 A 和 B 。

   b. 构造一个垂直 y 穿过点的轴 C 和 F 。

   c. 将原点标记为 0 。

   d. 的 x -的坐标 B 是 $5\frac{2}{3}$ 。标记整个数字 x -轴。

   e. 的 y -的坐标 C 是 $5\frac{1}{3}$ 。标记整个数字 y -轴。

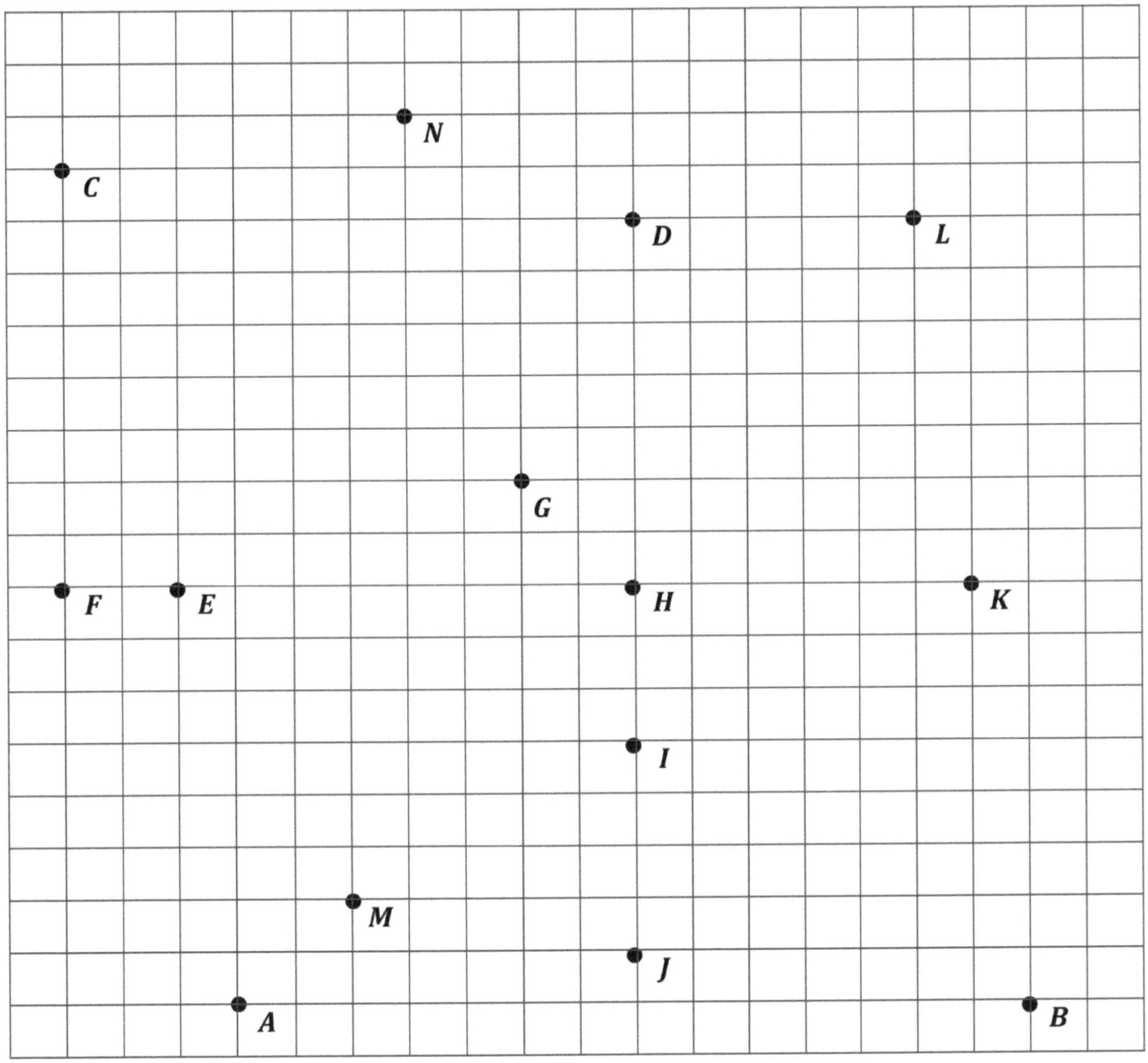

2. 对于以下所有问题，请考虑要点一个通过 ñ 在上一页。

   a. 找出所有具有 x-的坐标 $3\frac{1}{3}$。

   b. 找出所有具有 y-的坐标 $2\frac{2}{3}$。

   c. 哪一点是 $3\frac{1}{3}$ 上方的单位 x-轴和 $2\frac{2}{3}$ 右边的单位 y-轴？命名该点，并给出其坐标对。

   d. 位于哪一点 $5\frac{1}{3}$ 来自的单位 y-轴？

   e. 位于哪一点 $1\frac{2}{3}$ 沿单位 x-轴？

   f. 给出以下每个点的坐标对。

   K：_____ I：_____ B：_____ C：_____

   g. 命名位于以下坐标处的点。

   $(1\frac{2}{3}, \frac{2}{3})$ _____ $(0, 2\frac{2}{3})$ _____ $(1, 0)$ _____ $(2, 5\frac{2}{3})$ _____

   h. 哪一点相等 x-- 和 y-坐标？_____

   i. 给出两个轴相交的坐标。(____, ____) 飞机上此点的另一个名称是_____。

   j. 绘制以下几点。

   P：$(4\frac{1}{3}, 4)$ Q：$(\frac{1}{3}, 6)$ R：$(4\frac{2}{3}, 1)$ S：$(0, 1\frac{2}{3})$

   k. 之间的距离是多少 E 和 H，要么 H？

l. 长度是多少 HD ?

m. 会长吗 ED 大于或小于 $EH + HD$?

n. 当老师解释了如何描述坐标平面上一个点的位置时，杰克不在了。用穴位给他讲解 J 。

姓名 _____ 日期 _____

在下面的网格上使用标尺构造坐标平面的轴。的 x 轴应相交点数 L 和 M。构造 y 轴，使其包含点 K 和 L。标记每个轴。

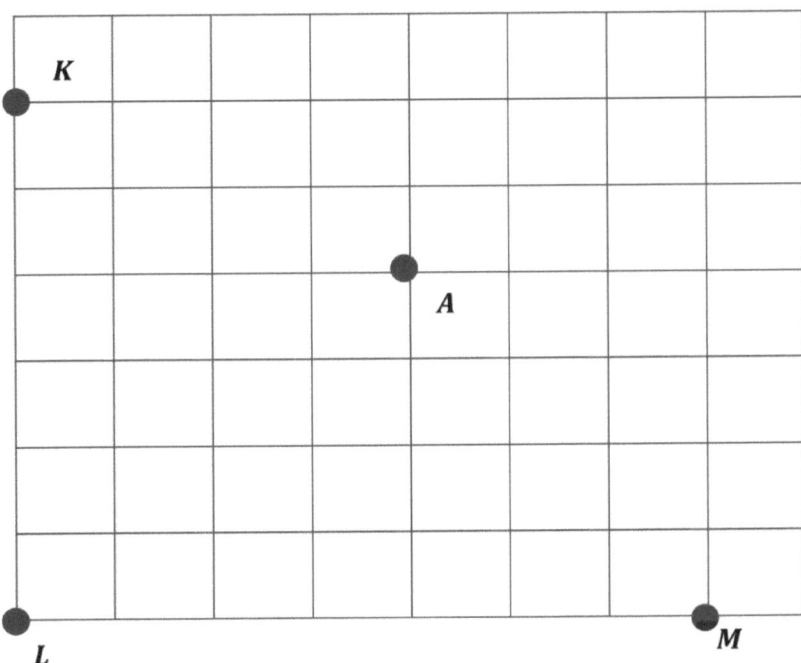

a. 将井号标记放在 x -和 y -轴。

b. 标记每个哈希标记，以便 A 位于 $(1,1)$。

c. 绘制以下几点：

点	x -坐标	y -坐标
B	$\frac{1}{4}$	0
C	$1\frac{1}{4}$	$\frac{3}{4}$

第3课： 使用坐标对命名点，并使用坐标对绘图点。

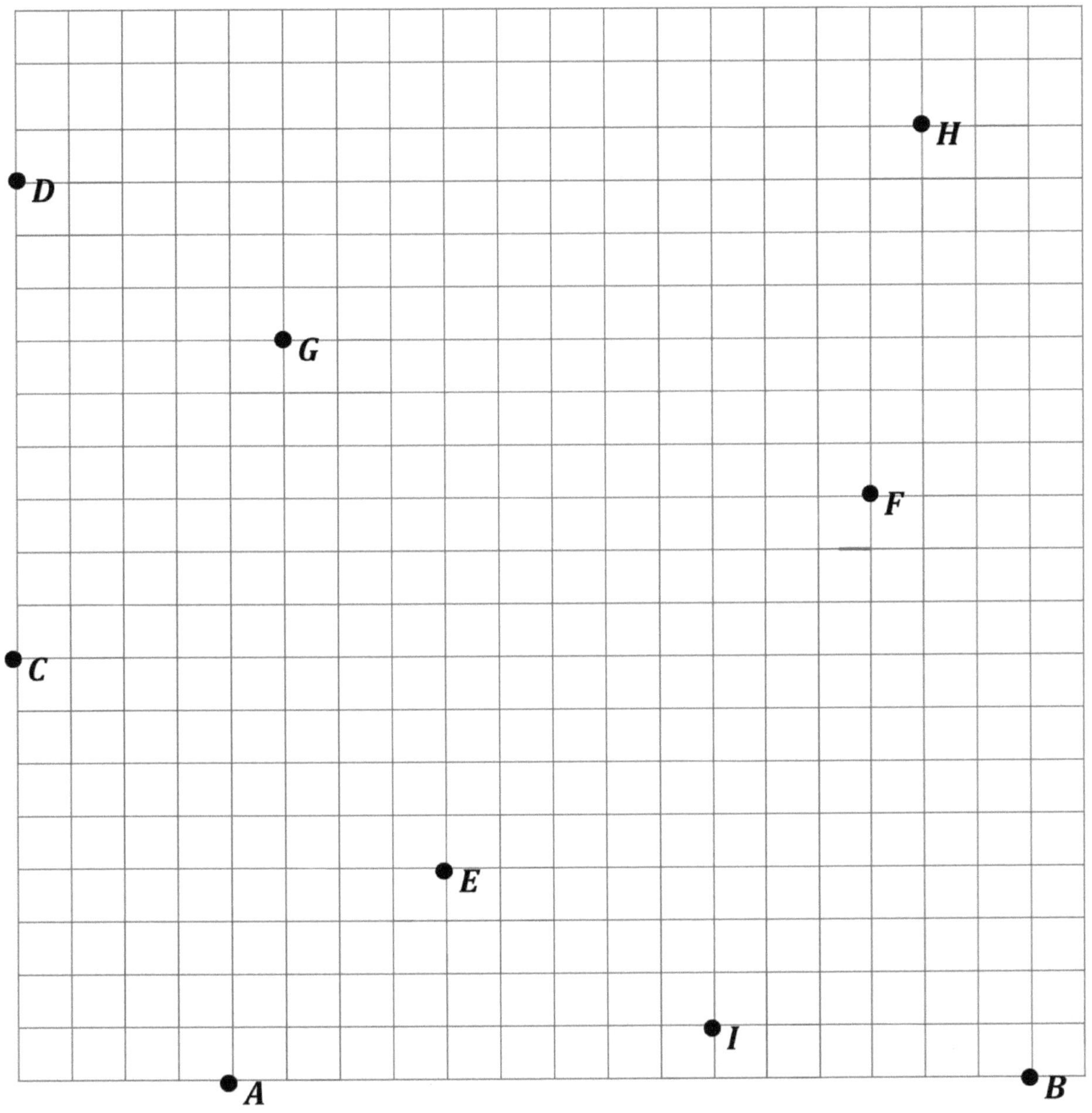

未标记的坐标平面

第3课： 使用坐标对命名点，并使用坐标对绘图点。

紫罗兰和木兰正在为他们的设计公司购买包装盒来整理材料。玉兰想得到小盒子,尺寸为16英寸 × 10英寸 × 7英寸 紫罗兰想变大盒子,尺寸为32英寸 × 20英寸 × 14英寸 多少个小盒子将等于四个大箱子?

阅读　　　　绘画　　　　编写

第4课：　　使用坐标对命名点,并使用坐标对绘图点。

战舰规则

目标：通过正确猜测对方的坐标来沉没对手的所有船只。

用料

- 1个网格表（每人/每场比赛）
- 红色蜡笔/标记的命中
- 黑色蜡笔/标记错过
- 放置在玩家之间的文件夹

轮船

- 每个玩家必须在网格上标记5艘船。
    - 航空母舰-绘制5分。
    - 战舰-绘制4分。
    - 巡洋舰-积3分。
    - 潜水艇-绘制3点。
    - 巡逻艇-绘制2分。

建立

- 与您的对手一起，为坐标平面选择单位长度和小数单位。
- 在两个网格表上标记选定的单位。
- 在"我的船"网格中秘密选择5艘船中每艘船的位置。
    - 所有船只必须在坐标平面上水平或垂直放置。
    - 船可以互相碰触，但它们可能不会占据相同的坐标。

玩

- 玩家轮流射击一枪攻击敌方船只。
- 轮到你，喊出进攻镜头的坐标。记录每个攻击镜头的坐标。
- 对手检查他/她的"我的船"网格。如果那个坐标没有被占用，您的对手会说："小姐"。如果您指定了一个被船占领的坐标，您的对手会说："命中"。
- 在"敌人的飞船"网格上标记每个尝试的射击。标记为黑色 ✖ 如果对手说"小姐"，则在座标上。标记为红色 ✓ 如果对手说"打"，则在座标上。
- 在对手的回合上，如果他/她击中了您的其中一艘船，则标记为红色 ✓ 在您的"我的船"网格的坐标上。当您的一艘船的每个坐标都标有 ✓ ，说："您沉没了我的[船名]。"

胜利

- 第一个击沉所有（或最多）对峙战舰的玩家获胜。

我的船

- 画一个红色 ✓ 在对手命中的任何坐标上
- 一旦所有船只的坐标都被击中,说,"您沉没了我的[船名]。"

航空母舰-5分
战舰-4分
巡洋舰—3分
潜艇— 3分
巡逻艇—2分

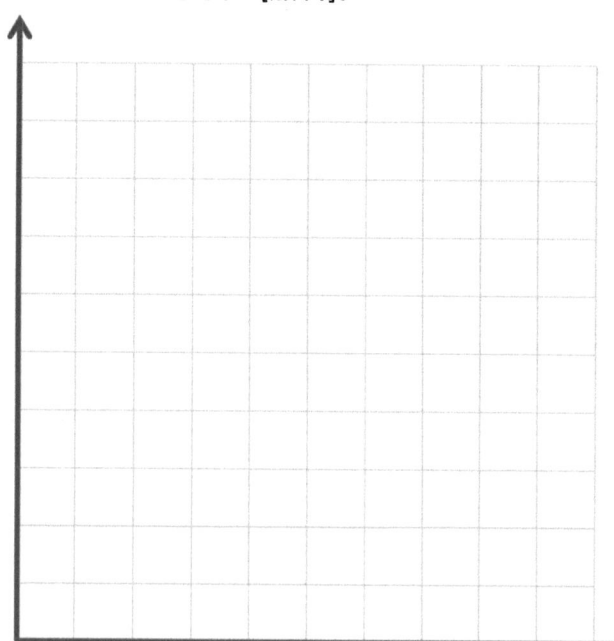

攻击寿 ts

- 记录每个镜头的坐标下面以及是否是✓(点击)或一个 ✘ (小姐)。

(____, ____) (____, ____)
(____, ____) (____, ____)
(____, ____) (____, ____)
(____, ____) (____, ____)
(____, ____) (____, ____)
(____, ____) (____, ____)
(____, ____) (____, ____)
(____, ____) (____, ____)

敌舰

- 画一个黑色 ✘ 如果对方说,"小姐。"
- 画一个红色 ✓ 如果对方说,"击中。"
- 围绕沉船的坐标绘制一个圆。

单位的故事 第4课课堂反馈条 5•6

姓名 _____   日期 _____

法蒂玛和蕾哈娜(Rihana)正在战舰。他们只用整数标记了轴。

a. 法蒂玛的第一个猜测是 $(2, 2)$。里哈娜说："打！"给出法蒂玛接下来可能猜到的四个点的坐标。

b. 里哈娜说："打！"对于正上方和正下方的点 $(2, 2)$。法蒂玛猜测的坐标是什么？

第4课： 使用坐标对命名点，并使用坐标对绘图点。

一家公司开发了一款新游戏。纸箱需要一次运送40场比赛。每场比赛高2英寸,宽7英寸,长14英寸。

您如何建议将棋盘游戏包装在纸箱中?一个纸箱的尺寸是多少,该纸箱可以容纳40个棋盘游戏而无需在盒子里放多余的空间?

阅读　　　　绘画　　　　编写

第5课:　　　研究垂直和水平线上的模式,并解释点在平面上的距离为与轴的距离。

姓名 _____   日期 _____

1. 使用右侧的座标平面来回答以下问题。

   a. 使用直尺构造一条直线通过点 A 和 B 。标记线 $\ddot{E}$ 。

   b. 线 e 平行于 _____ 轴,并且垂直于 _____ 轴。

   c. 在线绘制两个点 e 。给他们起名字 C 和 D 。

   d. 在下面给出每个点的坐标。

   A : _____ B : _____

   C : _____ D : _____

   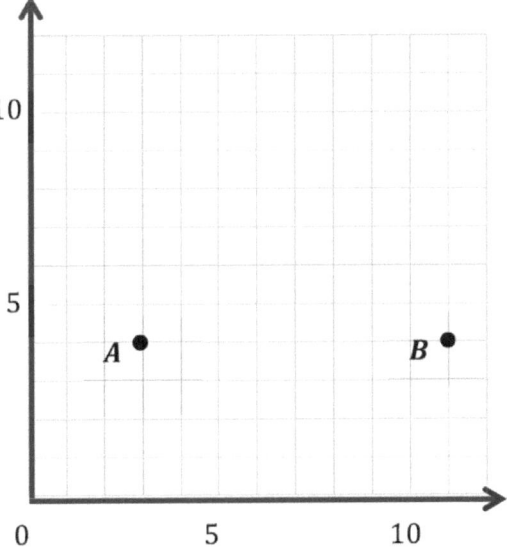

   e. 线的所有点是什么 e 有共同点?

   f. 给出将在线上的另一个点的坐标 e 带着 x -坐标大于15。

2. 在右侧的坐标平面上绘制以下点。

   $P:(1\frac{1}{2}, \frac{1}{2})$ $Q:(1\frac{1}{2}, 2\frac{1}{2})$

   $R:(1\frac{1}{2}, 1\frac{1}{4})$ $S:(1\frac{1}{2}, \frac{3}{4})$

   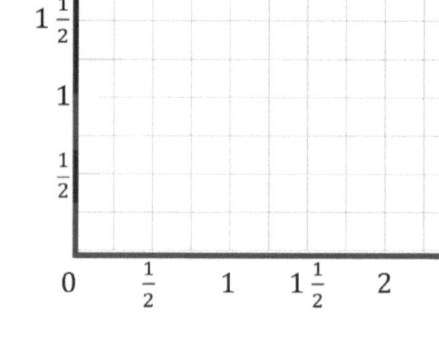

   a. 使用直尺画一条线进行连接这些要点。标记线 h。

   b. 排队 h，$x =$ _____ 的所有值 y。

   c. 圈出正确的词。

      线 h 是平行垂直到 x-轴。

      线 h 是平行垂直到 y-轴。

   d. 坐标对中出现什么模式，让您知道那条线 h 是垂直的？

3. 对于下面的每对点，请考虑连接它们的直线。对于哪些线对平行于的 x-轴？圈出你的答案。在不进行绘图的情况下，说明您的知识。

   a. $(1.4, 2.2)$ 和 $(4.1, 2.4)$ b. $(3, 9)$ 和 $(8, 9)$ c. $(1\frac{1}{4}, 2$ 和 $(1\frac{1}{4}, 8)$

4. 对于下面的每对点，请考虑连接它们的直线。对于哪些线对平行于 y-轴？圈出你的答案。然后，给出另外两个也将落在这条线上的坐标对。

   a. $(4, 12)$ 和 $(6, 12)$ b. $(\frac{3}{5}, 2\frac{3}{5})$ 和 $(\frac{1}{5}, 3\frac{1}{5})$ c. $(0.8, 1.9)$ 和 $(0.8, 2.3)$

5. 写出可以连接以构造一条线的3个点的坐标对 $5\frac{1}{2}$ 平行于的单位 y -轴。

   a. _____ b. _____ c. _____

6. 写下位于 x -轴。

   a. _____ b. _____ c. _____

7. 亚当和珍妮丝在玩战舰。表格中显示的是迄今为止记录亚当的猜测。他使用这些坐标对击中了Janice的战舰。什么他应该猜下一个吗？你如何知道？用文字解释和图片。

(3、11)	击中
(2、11)	小姐
(3、10)	击中
(4、11)	小姐
(3, 9)	小姐

姓名 _____ 日期 _____

1. 使用直尺构造一条直线通过点一个和乙。标记线 ℓ。

2. 哪个轴与直线平行 ℓ？

   哪个轴垂直于线 ℓ？

3. 在线绘制两个点 ℓ。给他们起名字 C 和 D。

4. 在下面给出每个点的坐标。

   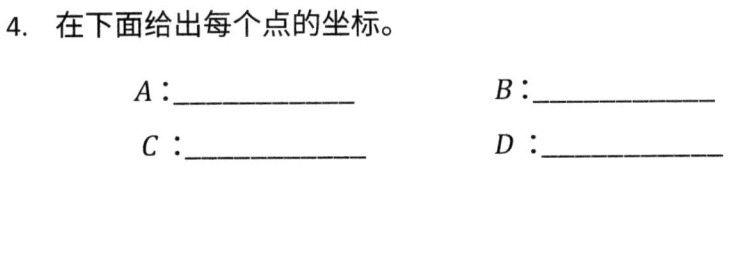

   A：_____ B：_____

   C：_____ D：_____

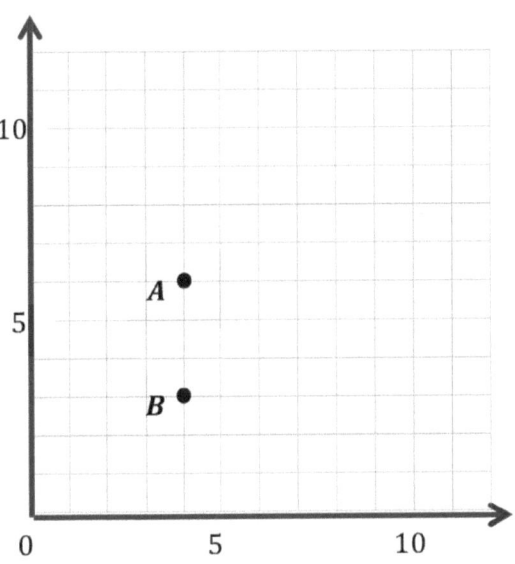

5. 给出在线上另一个点的坐标 ℓ 与 y-坐标大于20。

单位的故事　　　　　　　　　　　　　　　　　　　　　　第5课模板　5•6

点	x	y	(x, y)
H			
I			
J			
K			
L			

a.

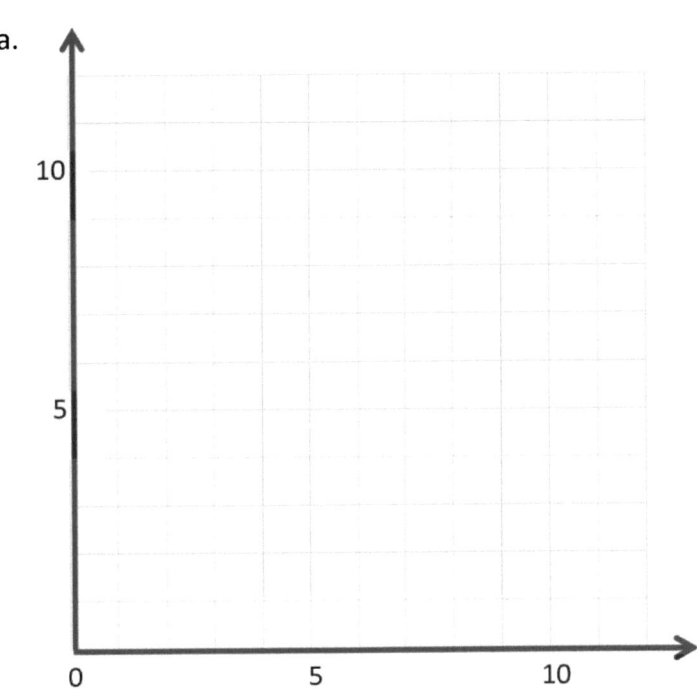

b.

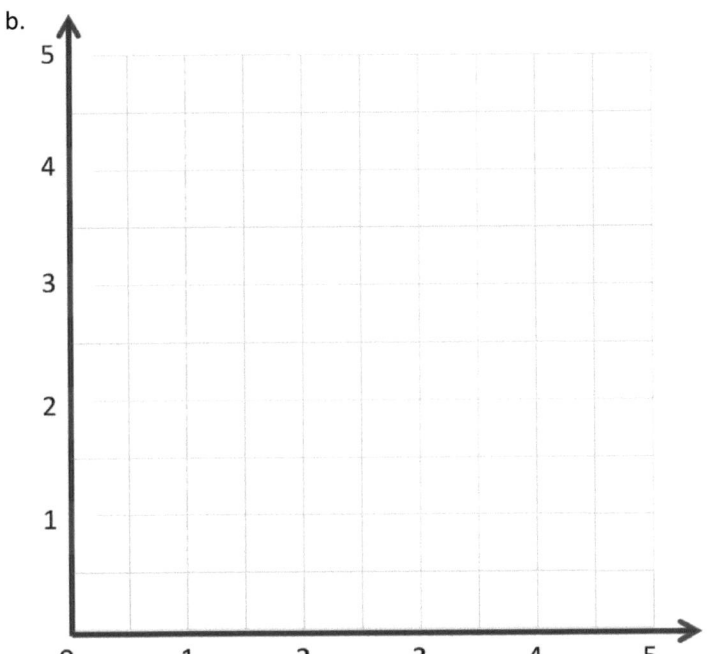

点	x	y	(x, y)
D	$2\frac{1}{2}$	0	($2\frac{1}{2}$, 0)
E	$2\frac{1}{2}$	2	($2\frac{1}{2}$, 2)
F	$2\frac{1}{2}$	4	($2\frac{1}{2}$, 4)

坐标平面练习

第5课：　　研究垂直和水平线上的模式，并解释点在平面上的距离为与轴的距离。

单位的故事

亚当为他的孩子的木制积木建造了一个玩具盒。

a. 如果包装盒的内部尺寸为18英寸乘12英寸乘6英寸，则可放入玩具盒的2英寸木制立方体的最大数量是多少？

b. 如果亚当将盒子做成16英寸 x 9英寸 x 9英寸的盒子怎么办？此尺寸的盒子中最多可以容纳2英寸的木制立方体？

阅读　　　绘画　　　编写

姓名 _____ 日期 _____

1. 绘制以下点，并将其标记在坐标平面上。

   $A:(0.3, 0.1)$　　　$B:(0.3, 0.7)$

   $C:(0.2, 0.9)$　　　$D:(0.4, 0.9)$

   a. 使用直尺构造线段 $\overline{AB}$ 和 $\overline{\ell?}$ 。

   b. 线段_____平行于 x 轴并垂直于 y -轴。

   c. 线段_____平行于 y 轴并垂直于 x -轴。

   d. 在线段上绘制点 $\overline{AB}$ 不在端点上，并命名 U 写出坐标。U（_____, _____）

   e. 在线段上绘制点 $\overline{\ell?}$ 并命名 V 。写出坐标。V（_____, _____）

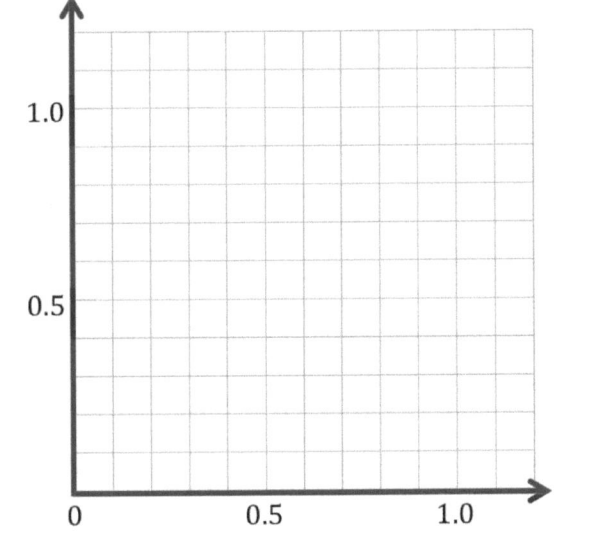

2. 构造线 f 这样 y-每个点的坐标是 $3\frac{1}{2}$，并构造线 g 这样 x-每个点的坐标是 $4\frac{1}{2}$。

   a. 线 f 距离_____个单位 x-轴。

   b. 给出线上的点的坐标 f 那是 $\frac{1}{2}$ 来自的单位 y-轴。_____

   c. 用一支蓝色的铅笔在阴影部分小于 $3\frac{1}{2}$ 来自的单位 x-轴。

   d. 线 g 距离_____个单位 y-轴。

   e. 给出线上的点的坐标 g 这是从5个单位 x-轴。_____

   f. 用红铅笔在阴影部分大于 $4\frac{1}{2}$ 来自的单位 y-轴。

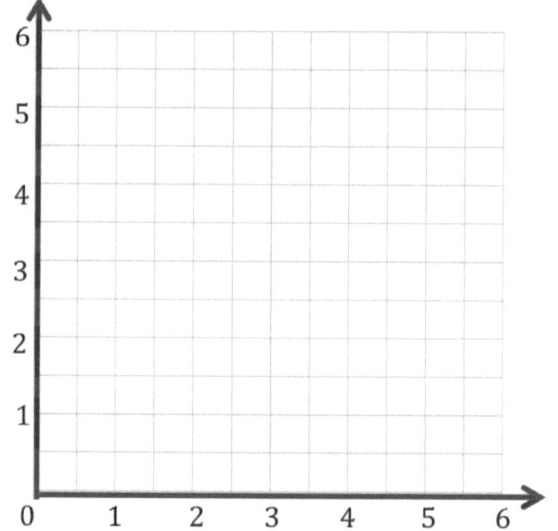

3. 在下面的飞机上完成以下任务。

   a. 构造一条线 m 垂直于 x 轴和3.2个单位 y -轴。

   b. 构造一条线 a 这是从0.8单位 x -轴。

   c. 构造一条线 t 与线平行 m 并且在线的中间 m 和 y -轴。

   d. 构造一条线 h 垂直于线 t 并通过点 $(1.2, 2.4)$。

   e. 使用蓝色铅笔,将包含点的区域遮盖起来,该点的距离大于1.6个单位且小于3.2个单位 y -轴。

   f. 使用红色铅笔为包含大于0.8单位且小于0.8单位的点的区域着色从2.4单位 x -轴。

   g. 给出位于双阴影区域中的点的坐标。

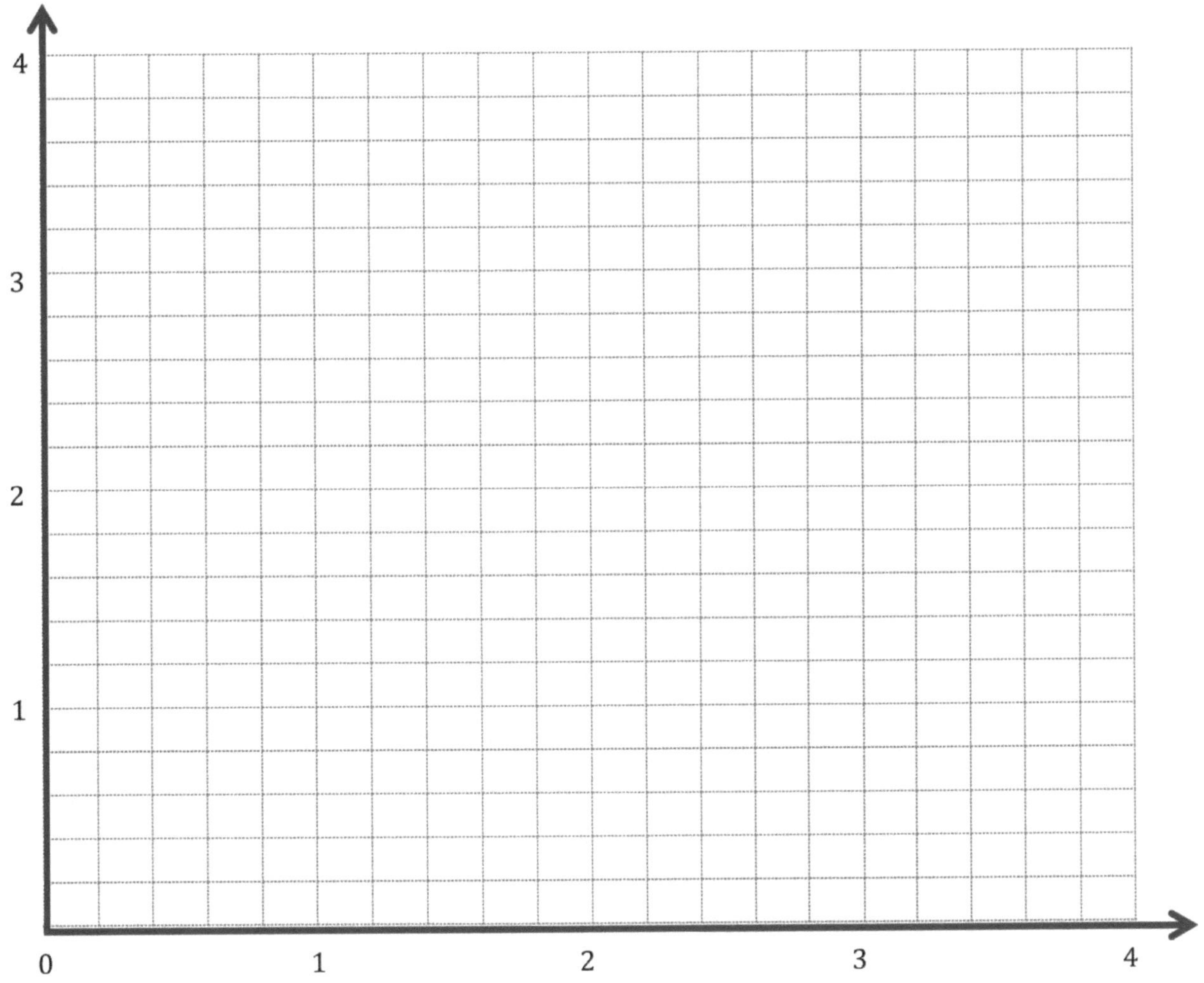

姓名 _____   日期 _____

1. 画点 $H\left(2\frac{1}{2}, 1\frac{1}{2}\right)$。

2. 线 ℓ 通过点 H 并与 y-轴。构造线 ℓ。

3. 构造线 m 这样 y-每个点的坐标是 $\frac{3}{4}$。

4. 线 m 距离_____个单位 x-轴。

5. 给出线上的点的坐标 m 那是 $\frac{1}{2}$ 来自的单位 y-轴。

6. 用蓝色铅笔在小于 $\frac{3}{4}$ 来自的单位 x-轴。

7. 用红铅笔在小于 $2\frac{1}{2}$ 来自的单位 y-轴。

8. 绘制位于双阴影区域中的点。给出点的坐标。

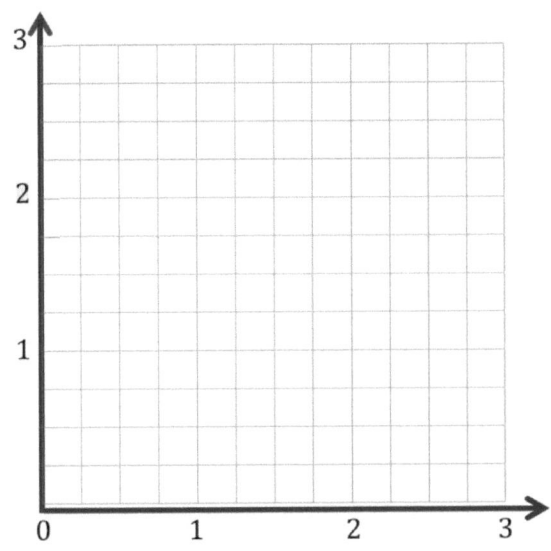

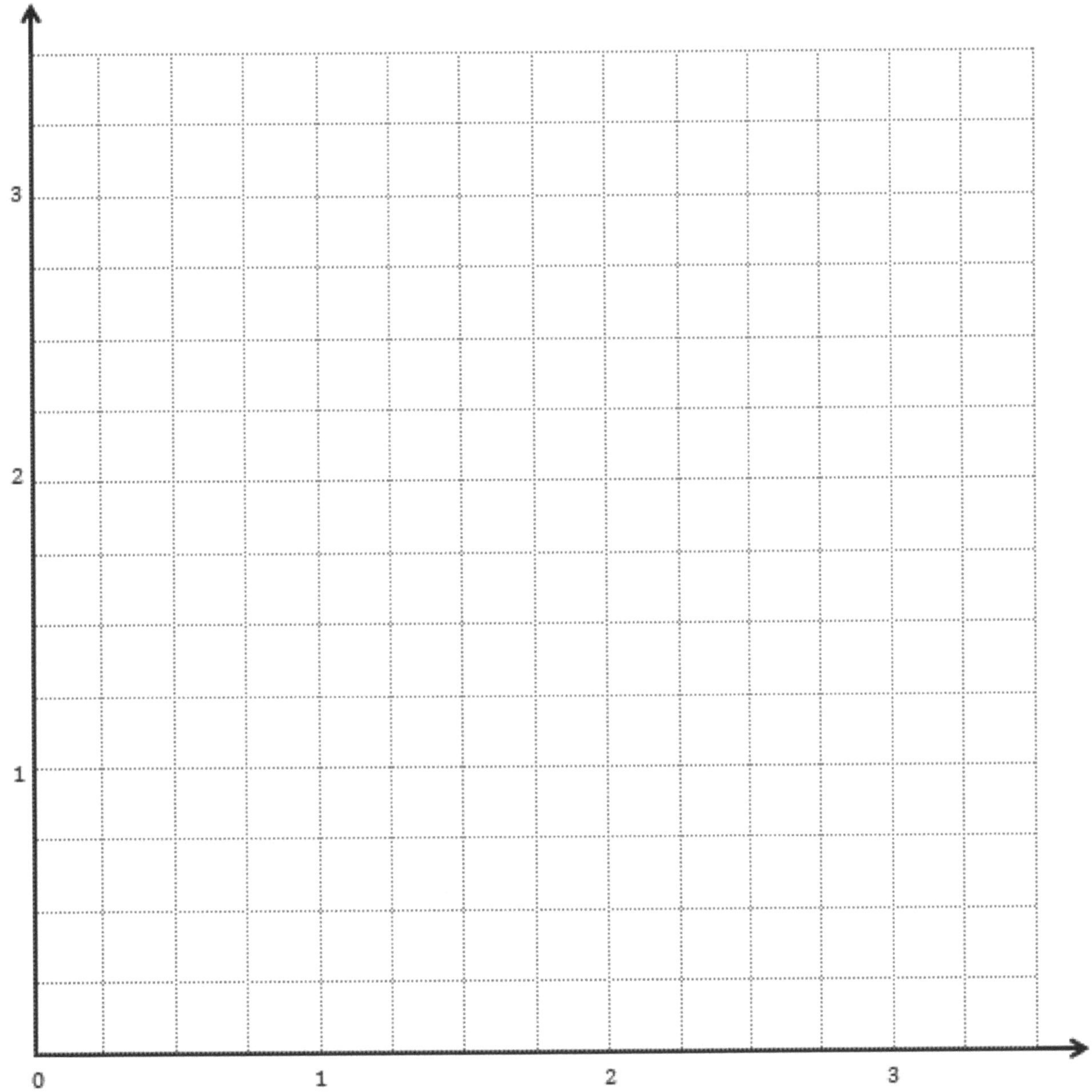

单位的故事

点	x	y	(x, y)
A			
B			
C			

点	x	y	(x, y)
D			
E			
F			

坐标平面

第6课： 研究垂直和水平线上的模式，并解释点在平面上的距离为与轴的距离。

一个果园每运送一千克葡萄柚收费0.85美元。每个葡萄柚重约165克。运送40个葡萄柚要多少钱？

阅读　　　　绘画　　　　编写

姓名 _____ 日期 _____

1. 完成图表。然后，在下面的坐标平面上绘制这些点。

x	y	(x, y)
0	1	(0, 1)
2	3	
4	5	
6	7	

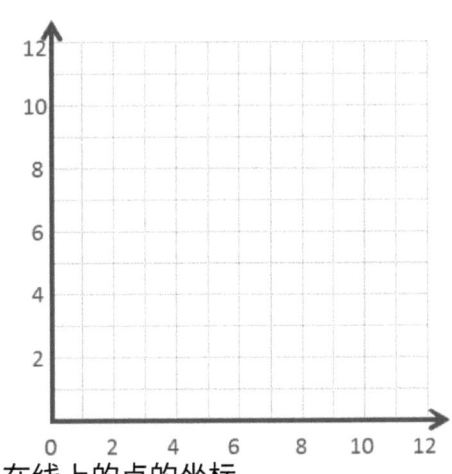

   a. 用直尺画一条连接线这些要点。

   b. 编写一条规则，显示两者之间的关系 x -和 y -在线上的点的坐标。

   c. 命名这条线上的其他2个点。_____ _____

2. 完成图表。然后，在下面的坐标平面上绘制这些点。

x	y	(x, y)
$\frac{1}{2}$	1	
1	2	
$1\frac{1}{2}$	3	
2	4	

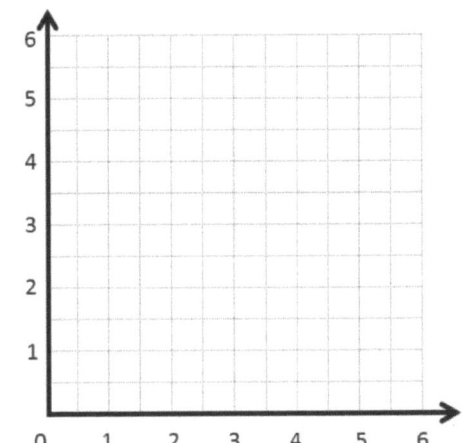

   a 用直尺画一条线连接这些点。

   b. 编写一条规则，显示两者之间的关系 x -和 y -坐标。

   c. 命名这条线上的其他2个点。_____ _____

3. 使用下面的坐标平面回答以下问题。

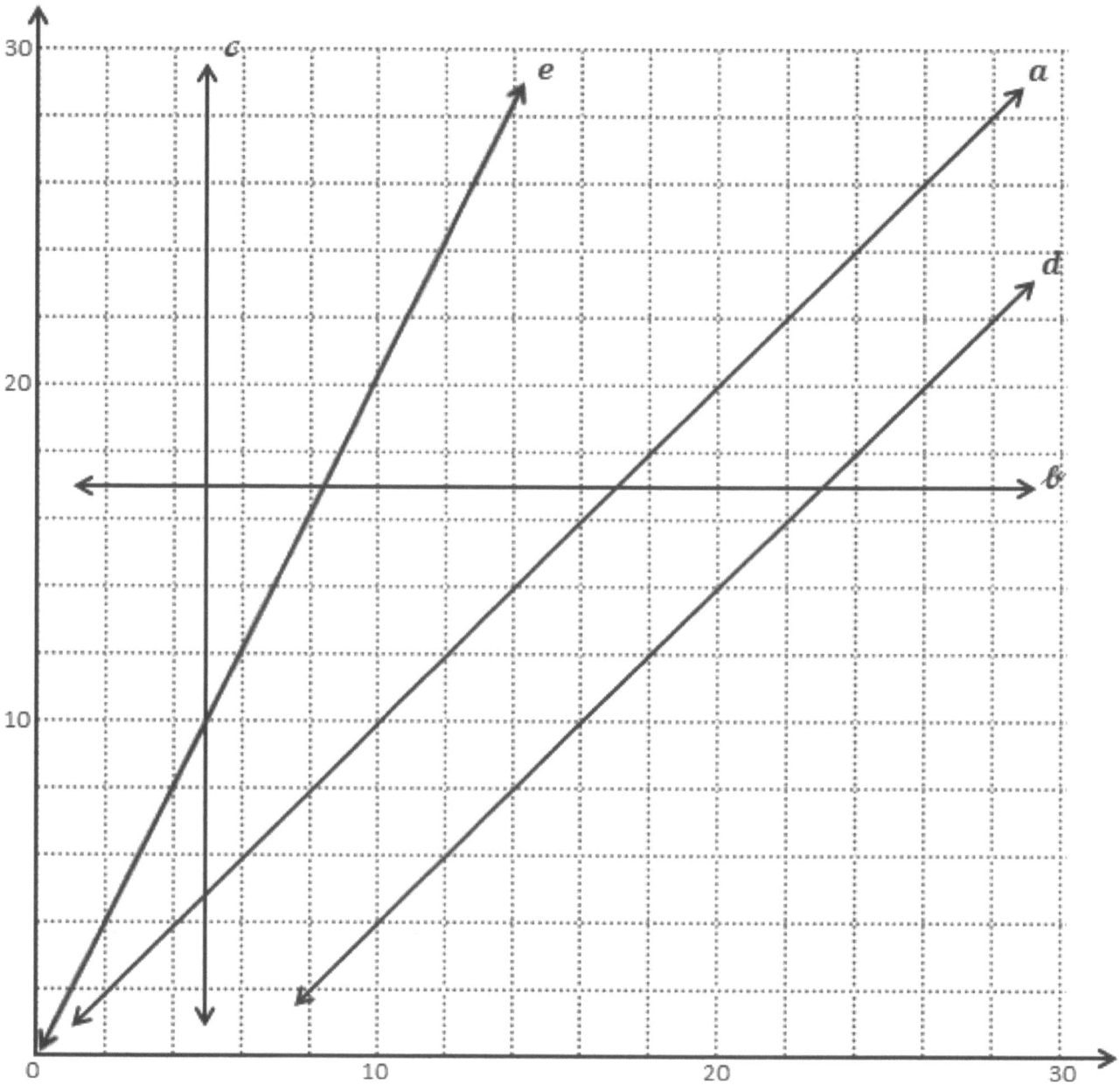

a. 给出在线的3个点的坐标 a 。_____   _____   _____

b. 编写描述规则之间的关系的规则 x -和 y -在线上的点的坐标 a。

c. 您注意到了什么 y -在线上每个点的坐标 b ？

d. 填写在线上缺少的坐标点 d 。

   (12, _____) (6, _____) (_____, 24) (28, _____) (_____, 28岁)

e. 对于在线的任何点 c ， x -座标是_____。

f. 每个点都位于上一页平面中显示的至少1条线上。标识包含以下每个点的行。

   i. (7、7) _a_   ii. (14, 8) _____   iii. (5、10) _____

   iv. (0, 17) _____   v. (15.3, 9.3) _____   vi. (20, 40) _____

单位的故事　　　　　　　　　　　　　　　　　　　　　　　　　　第7课课堂反馈条　　5•6

名称 _____　　　日期 _____

完成图表。然后，在坐标平面上绘制这些点。

X	y	(x , y)
0	4	
2	6	
3	7	
7	11	

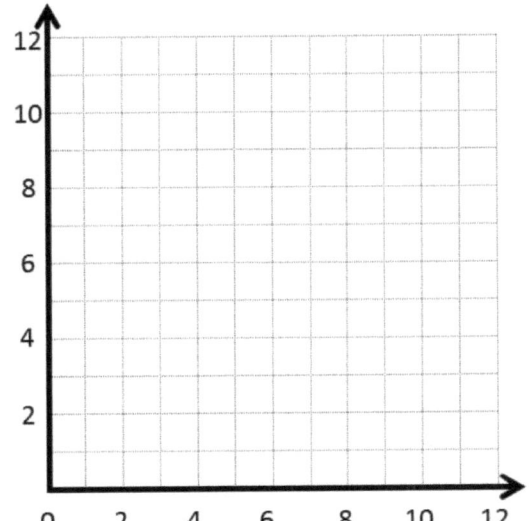

1. 用直尺画一条连接线这些要点。

2. 编写规则以显示两者之间的关系
   的 x-和 y-直线上的点的坐标。

3. 命名这条线上的其他两个点。_____ _____

姓名 _____ 日期 _____

1.

a.

点	x	y	(x , y)
A	0	0	(0, 0)
B	1	1	(1, 1)
C	2	2	(2, 2)
D	3	3	(3、3)

b.

点	x	y	(x , y)
G	0	3	(0, 3)
H	$\frac{1}{2}$	$3\frac{1}{2}$	($\frac{1}{2}$, $3\frac{1}{2}$)
I	1	4	(1, 4)
J	$1\frac{1}{2}$	$4\frac{1}{2}$	($1\frac{1}{2}$, $4\frac{1}{2}$)

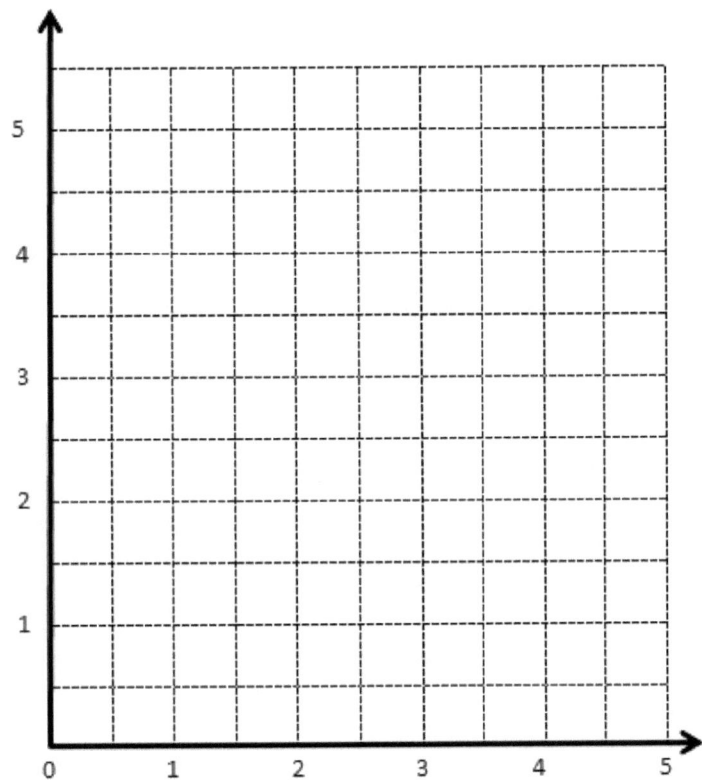

坐标平面

2.

a.

点	(x , y)
L	(0, 3)
M	(2、3)
N	(4、3)

b.

点	(x , y)
O	(0, 0)
P	(1、2)
Q	(2、4)

c.

点	(x , y)
R	$(1, \frac{1}{2})$
S	$(2, 1\frac{1}{2})$
T	$(3, 2\frac{1}{2})$

d.

点	(x , y)
U	(1, 3)
V	(2、6)
W	(3, 9)

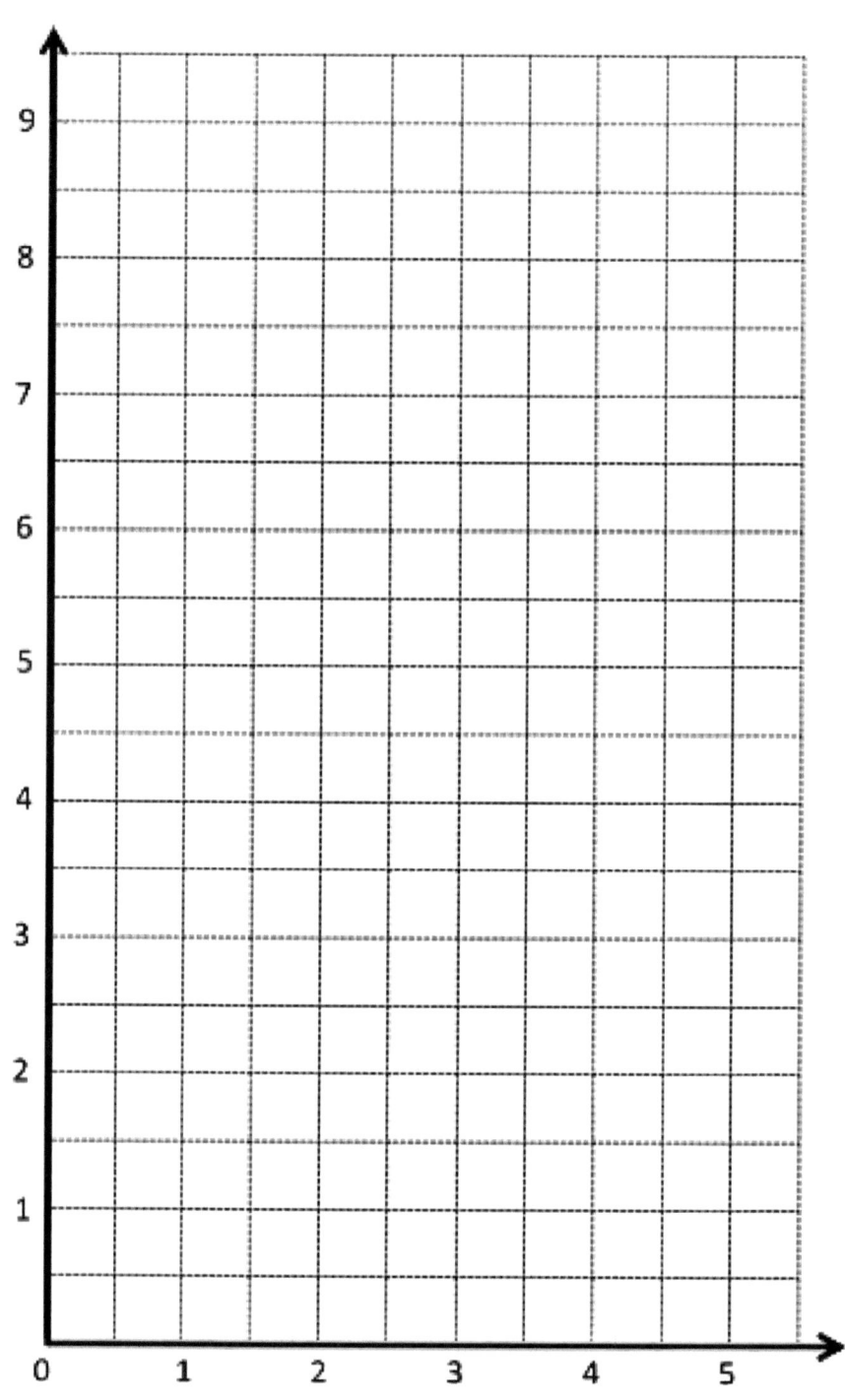

坐标平面

列出的坐标对在两条不同的线上定位点。编写描述规则之间的关系的规则 x-和 y-每行的坐标。

线 ℓ：($3\frac{1}{2}$, 7), ($1\frac{2}{3}$, $3\frac{1}{3}$), (5.10)

线 m：($\frac{6}{3}$, 1), ($3\frac{1}{2}$, $1\frac{3}{4}$), (13, $6\frac{1}{2}$)

_____

_____

_____

阅读　　　　绘画　　　　编写

第8课：　　根据给定规则生成数字模式，并绘制点。

姓名 _____ 日期 _____

1. 创建一个包含3个值的表 x 和 y 这样每个 y-坐标比相应坐标大3 x-坐标。

x	y	(x, y)

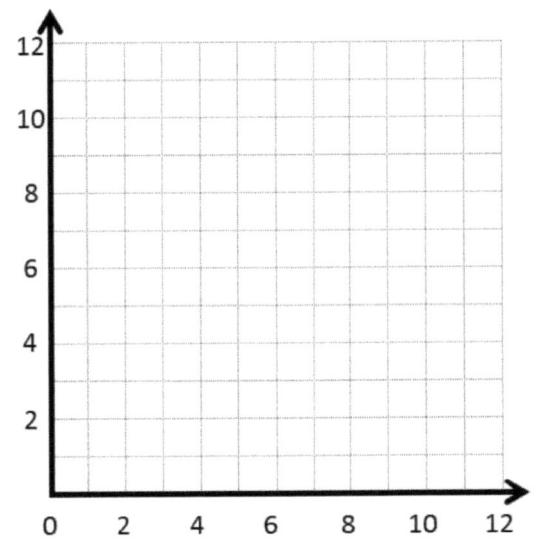

a. 在坐标平面上绘制每个点。

b. 用直尺画一条连接线这些要点。

c. 给出落在该线上的其他2个点的坐标 x-坐标大于12。
(_____, _____) 和 (_____, _____)

第8课： 根据给定规则生成数字模式，并绘制点。

2. 创建一个包含3个值的表 x 和 y 这样每个 y -坐标是其对应坐标的3倍 x -坐标。

x	y	(x, y)

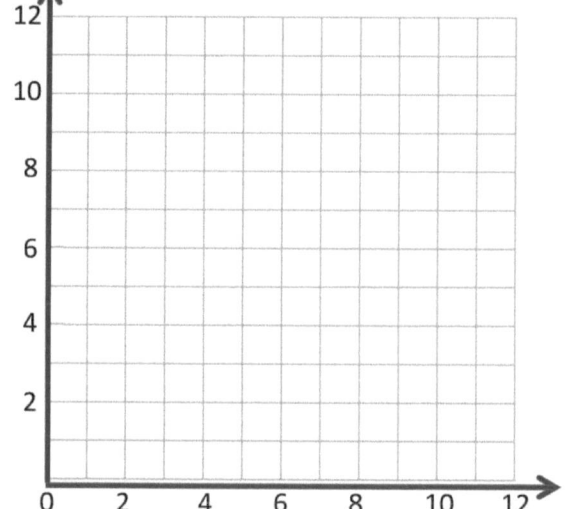

a. 在坐标平面上绘制每个点。

b. 用直尺画一条连接线这些要点。

c. 给出落在该线上的其他2个点的坐标 y -坐标大于25。(_____, _____) 和 (_____, _____)

3. 创建一个由5个值组成的表格 x 和 y 这样每个 y-坐标为1的3倍 x 值。

x	y	(x, y)

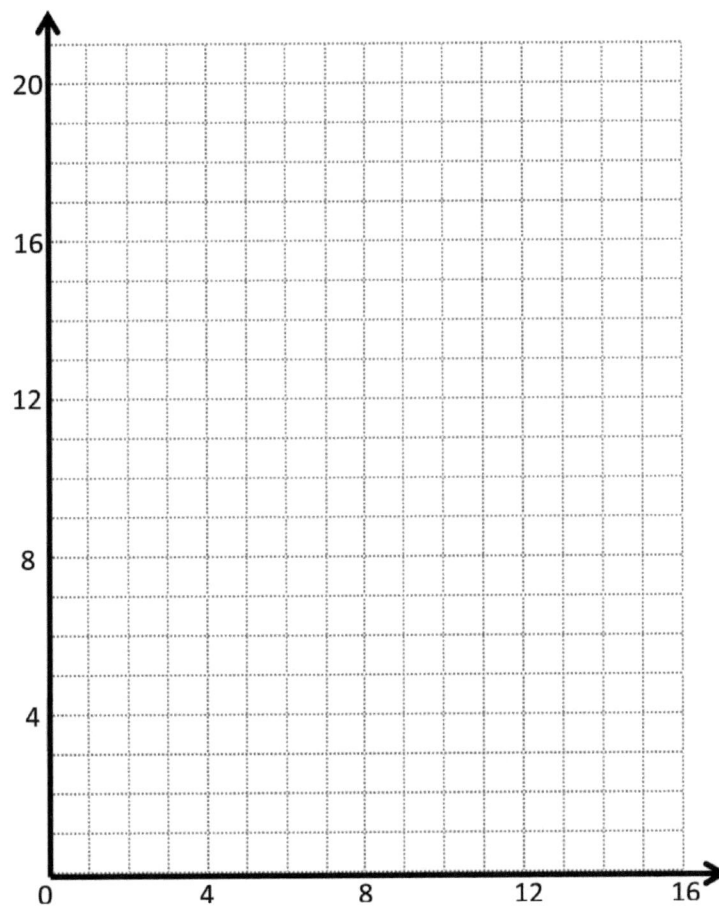

a. 在坐标平面上绘制每个点。

b. 用直尺画一条线连接这些点。

c. 给出落在该线上的其他2个点的坐标 x-坐标大于12。

(＿＿，＿＿) 和 (＿＿，＿＿)

4. 使用下面的坐标平面完成以下任务。

   a. 在平面上画线。

   线 ℓ：x 等于 y

	x	y	(x, y)
A			
B			
C			

   线 m：y 比1多1 x

	x	y	(x, y)
G			
H			
I			

   线 n：y 比两倍多1 x

	x	y	(x, y)
S			
$Ť$			
$ü$			

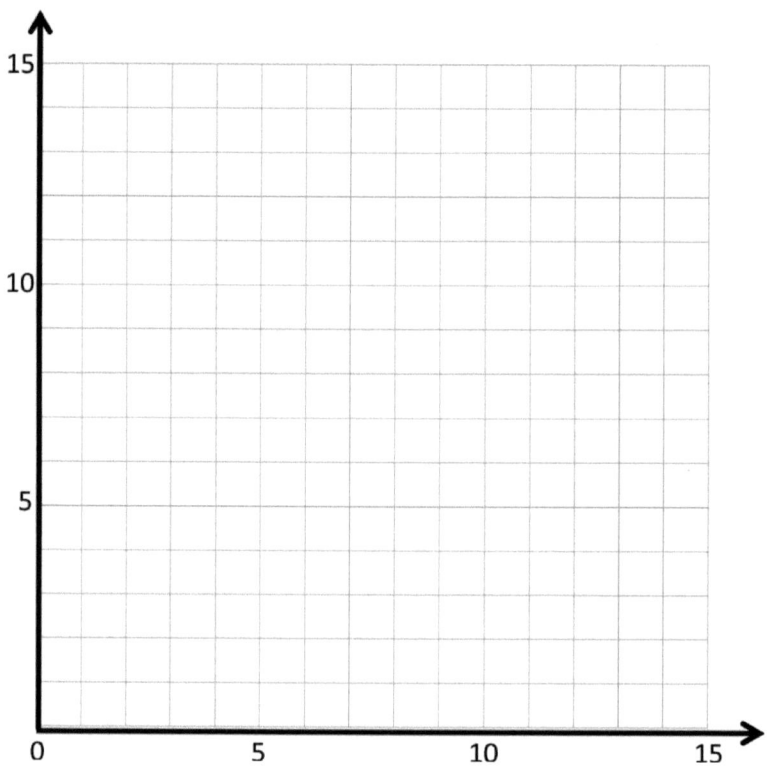

   b. 哪两条线相交？给出他们的交点的坐标。

   c. 哪两条线是平行的？

   d. 给出与问题4(c)中列出的线平行的另一条线的规则。

姓名 _____ 日期 _____

使用以下值填写此表 y 这样每个 y-坐标是对应坐标的2倍的5倍 x-坐标。

x	y	(x, y)
0		
2		
3.5		

a. 在坐标平面上绘制每个点。

b. 用直尺画一条线连接这些点。

c. 命名与该行相同的2个其他点 y-坐标大于25。

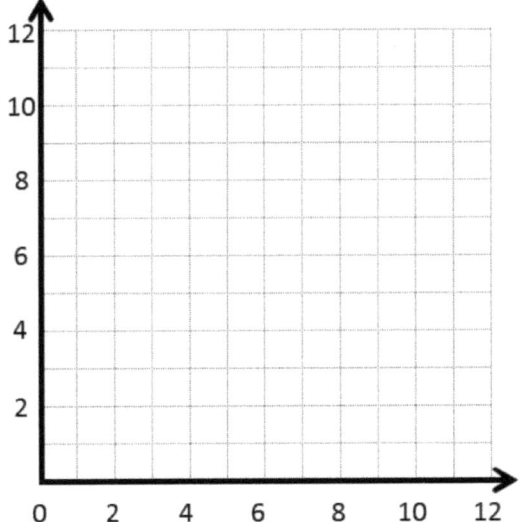

第8课： 根据给定规则生成数字模式，并绘制点。

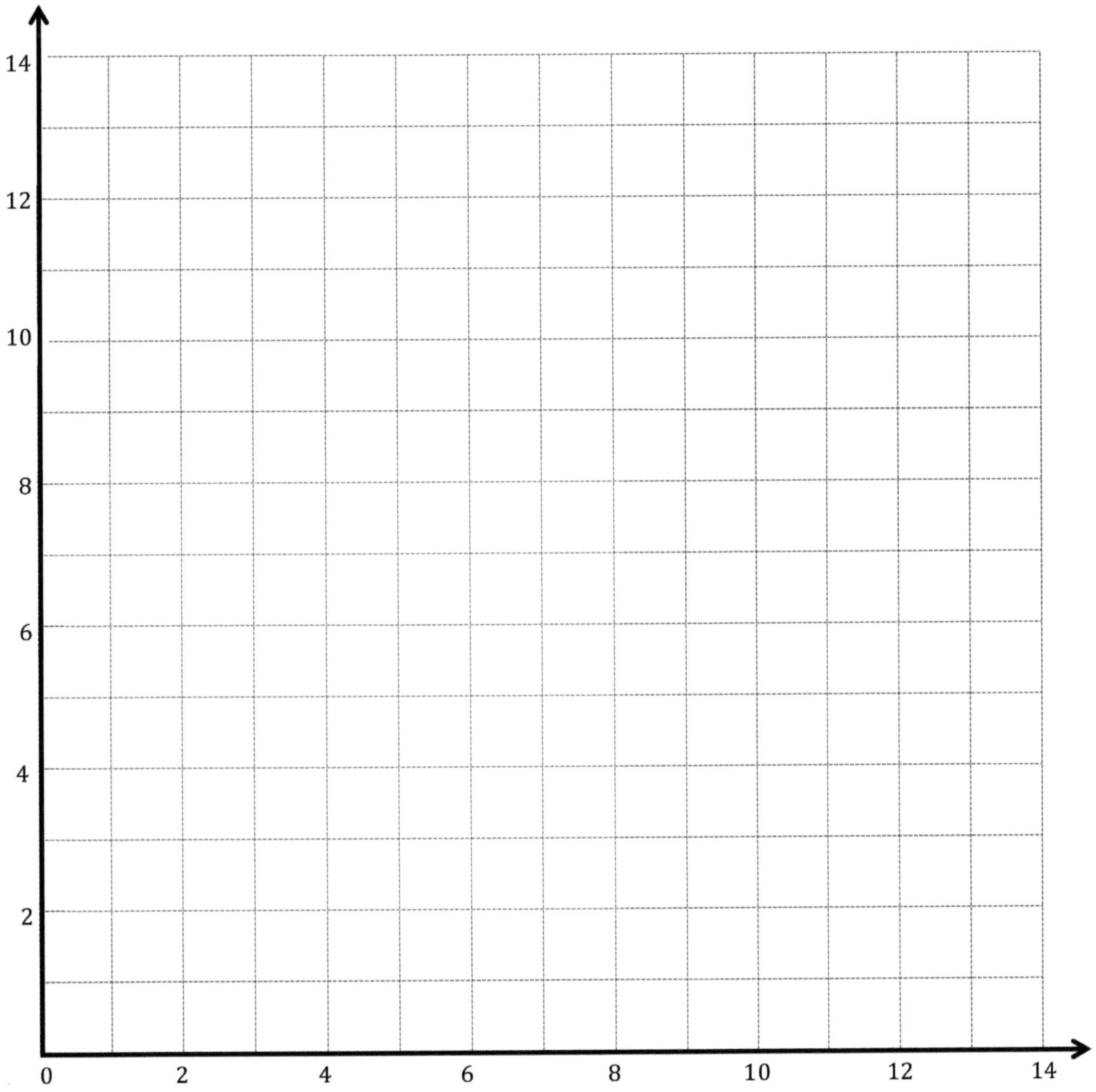

单位的故事 第8课模板 5•6

线 a :		
x	y	(x, y)

线 b :		
x	y	(x, y)

线 c :		
x	y	(x, y)

坐标平面

第8课模板： 根据给定规则生成数字模式，并绘制点。

玛姬(Maggie)花了46.20美元在她的礼品店买了铅笔刀。如果每个削笔刀的价格为60美分,她购买了多少个削笔刀?使用标准算法求解。

阅读　　　　绘画　　　　编写

姓名 _____ 日期 _____

1. 完成给定规则的表。

   线 a

   规则：y 比 1 多 x

x	y	(x, y)
1		
5		
9		
13		

   线 b

   规则：y 比 4 多 x

x	y	(x, y)
0		
5		
8		
11		

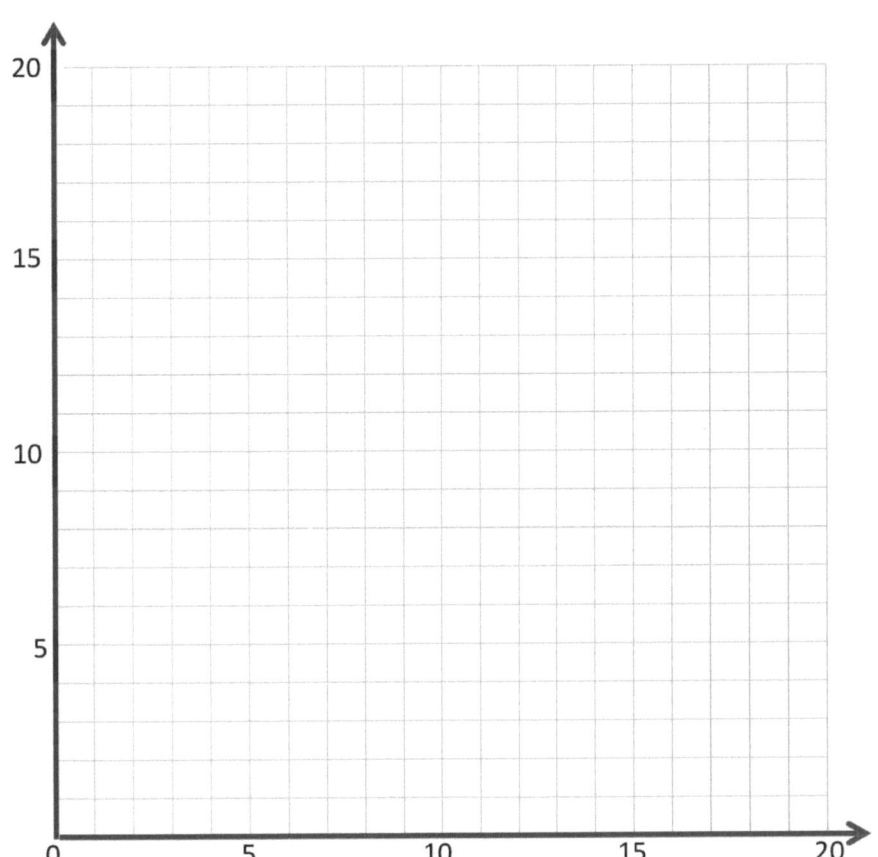

   a. 在上方的坐标平面上构造每条线。

   b. 比较并对比这些线条。

   c. 根据您看到的模式，预测哪条线 c，其规则是 y 比 7 多 x，看起来像。在上面的平面上绘制预测。

2. 完成给定规则的表。

   线 e

   规则：y 是原来的两倍 x

x	y	(x, y)
0		
2		
5		
9		

   线 f

   规则：y 是一半的 x

x	y	(x, y)
0		
6		
10		
20		

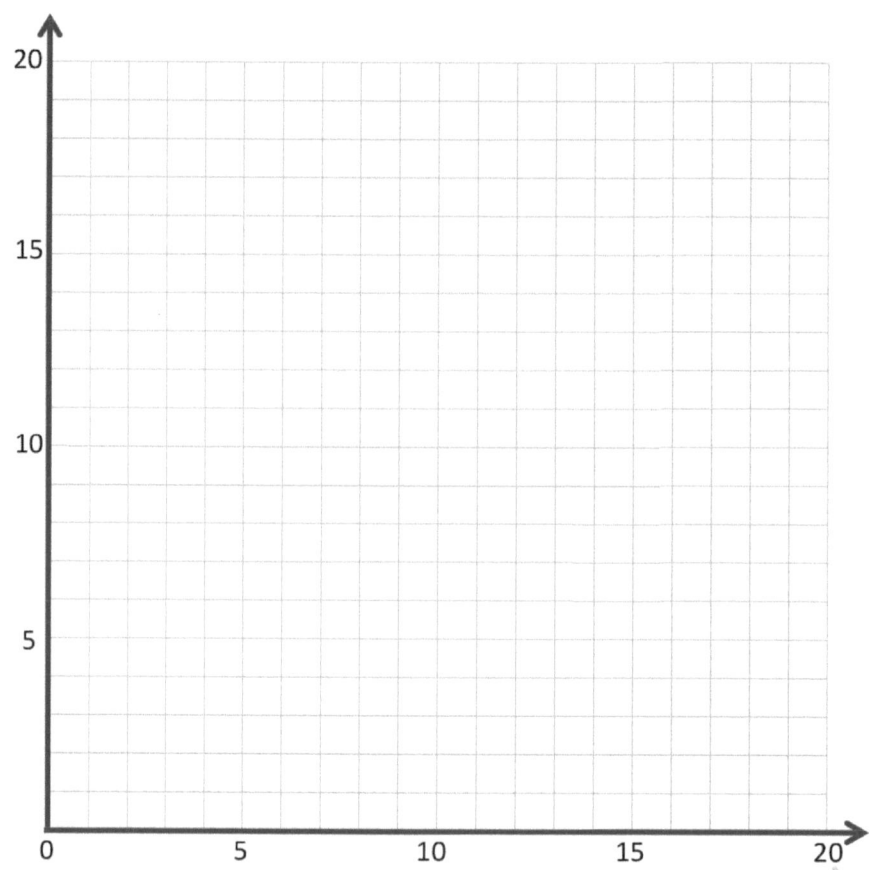

   a. 在上方的坐标平面上构造每条线。

   b. 比较并对比这些线条。

   c. 根据您看到的模式，预测哪条线 g，其规则是 y 是四倍 x，看起来像。在上面的平面中绘制预测。

姓名 _____ 日期 _____

完成给定规则的表。然后，构造线 ℓ 和 m 在坐标平面上。

线 ℓ

规则：y 比 5 多 x

x	y	(x, y)
0		
1		
2		
4		

线 m

规则：y 是五倍 x

x	y	(x, y)
0		
1		
2		
4		

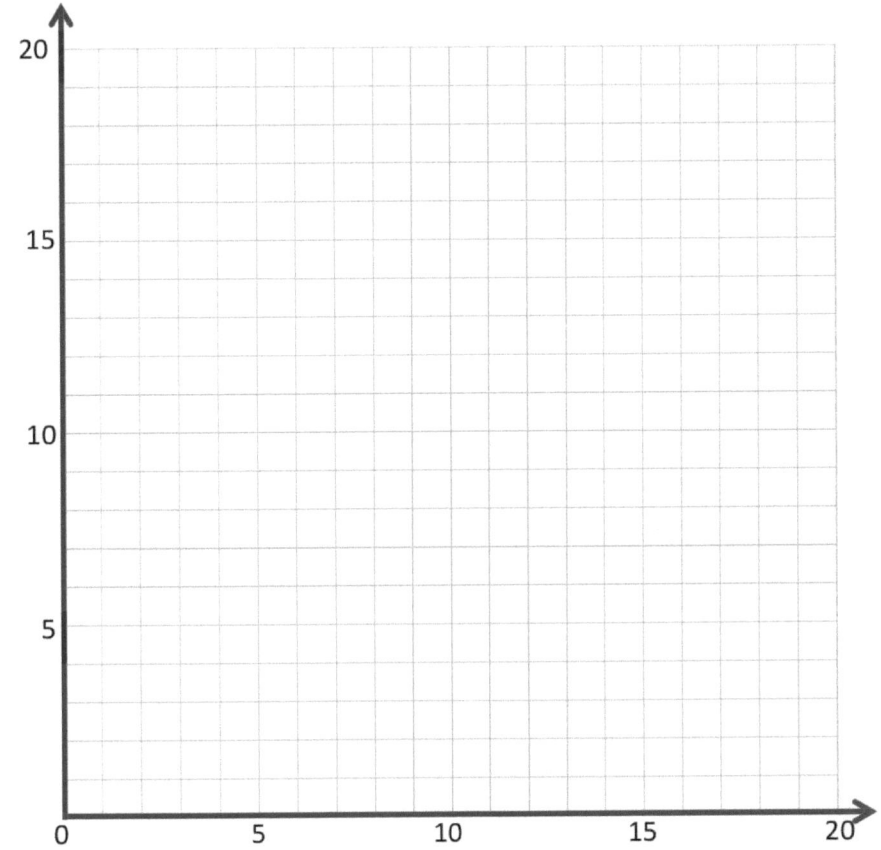

单位的故事　　　　　　　　　　　　　　　　　　　　　　　　　　　　　　第9课模板　5•6

线 ℓ　　　　　　　　　　　　　　　　　　　线 m

规则：y 比 2 多 x　　　　　　　　　　　　　规则：y 比 5 多 x

x	y	(x, y)
1		
5		
10		
15		

x	y	(x, y)
0		
5		
10		
15		

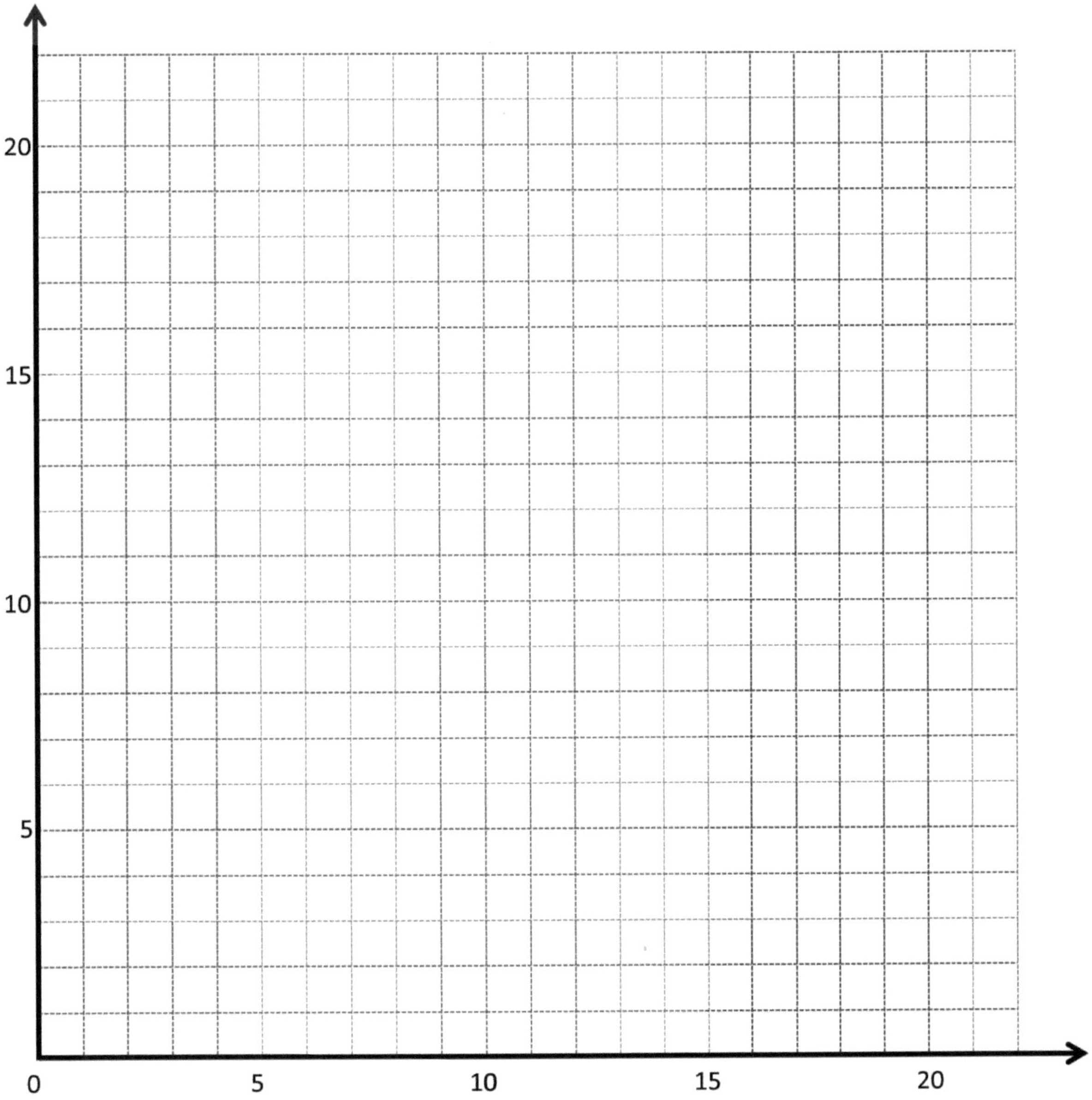

坐标平面

第9课：　　根据给定规则生成两个数字模式，绘制点，然后分析模式。

单位的故事

线 p

规则：y 是 x 2 倍

x	y	(x, y)

线 q

规则：y 是 x 3 倍

x	y	(x, y)

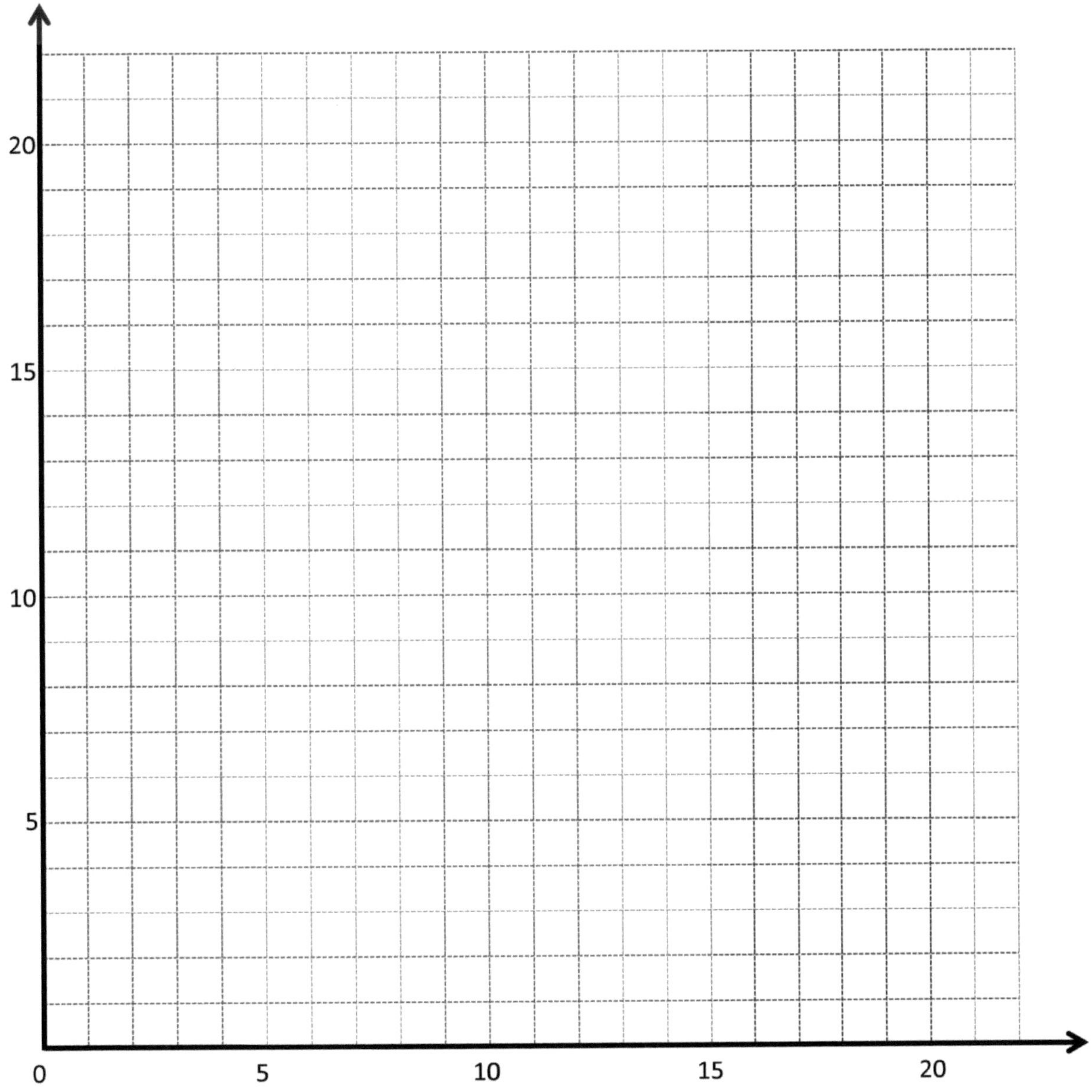

坐标平面

第9课： 根据给定规则生成两个数字模式，绘制点，然后分析模式。

一个由12人组成的接力队进行了45公里的比赛。团队中每个成员的距离相等。每个团队成员跑几公里？赛道一圈为0.75公里。每个团队成员在比赛中跑几圈？

阅读　　　　绘画　　　　编写

单位的故事

姓名 _____ 日期 _____

1. 使用下面的坐标平面完成以下任务。

   a. 线 p 代表规则 x 和 y 相等。

   b. 画一条线 d，即与线平行 p 并包含点 D。

   c. 在线命名3个坐标对 d。

   d. 确定描述线的规则 d。

   e. 画一条线 e，即与线平行 p 并包含点 E。

   f. 名称3点在线 e。

   g. 确定描述线的规则 e。

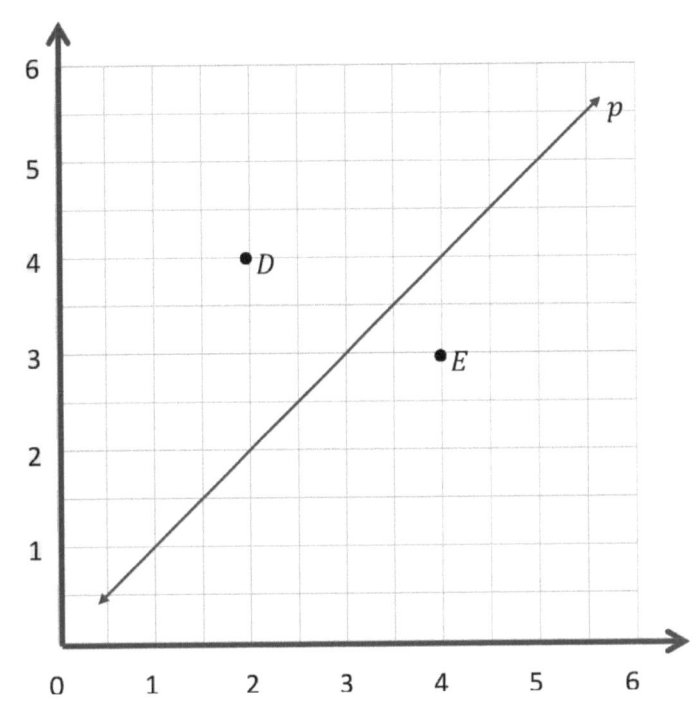

   h. 比较和对比线 d 和 e 就他们与线的关系而言 p。

2. 为第四行编写一条规则，该规则应与上面的平行，并包含点（$3\frac{1}{2}$, 6）。解释你怎么知道的。

3. 使用下面的坐标平面完成以下任务。

   a. 线 p 代表规则 x 和 y 相等。

   b. 画一条线 v，其中包含原点 V。

   c. 名称3点在线 v。

   d. 确定描述线的规则 v。

   e. 画一条线 w，其中包含原点 w ^。

   f. 名称3点在线 w。

   g. 确定描述线的规则 w。

   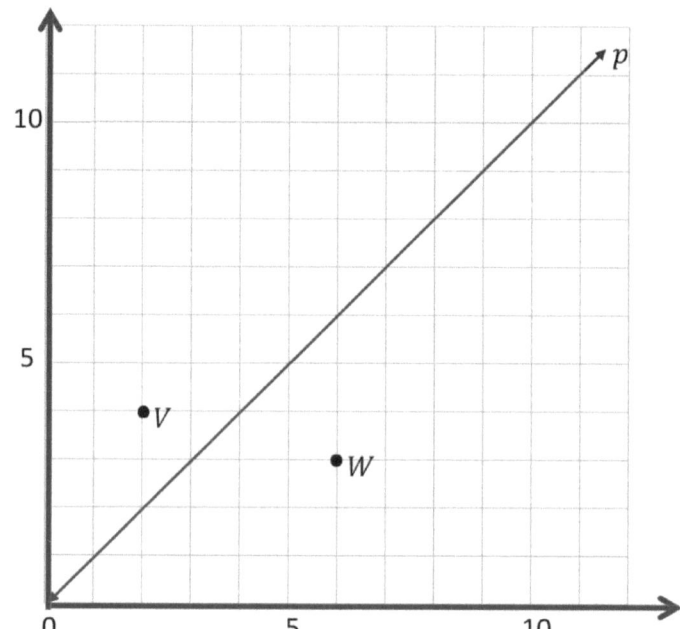

   h. 比较和对比线 v 和 w 就他们与线的关系而言 p。

   i. 您在乘法规则生成的行中看到什么模式？

4. 圈选产生平行线的规则。

   加5到 x 乘 x 通过 $\frac{2}{3}$ x 更多 $\frac{1}{2}$ x 次 $1\frac{1}{2}$

姓名 _____ 日期 _____

使用下面的坐标平面完成以下任务。

a. 线 p 代表规则 x 和 y 相等。

b. 画一条线 a，即与线平行 p 并包含点 A。

c. 名称3点在线 a。

d. 确定描述线的规则 a。

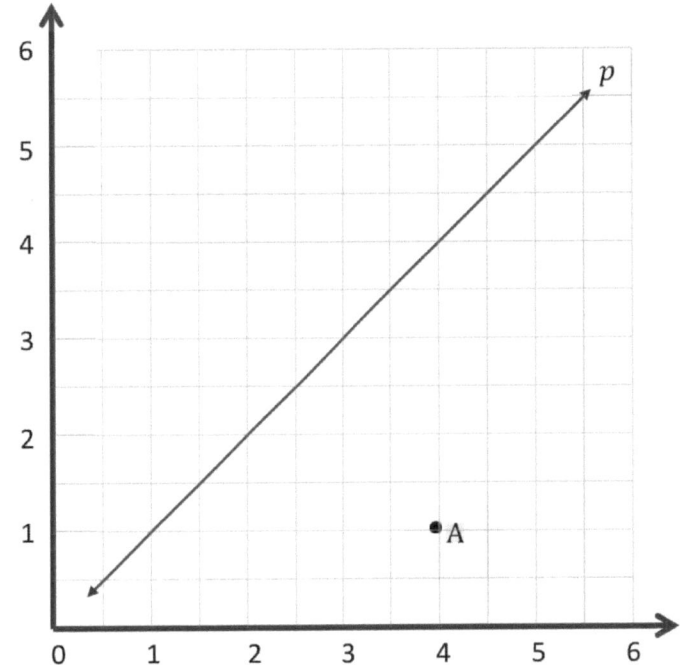

单位的故事　　　　　　　　　　　　　　　　　　　　　　第10课模板　5•6

线 p　　　　　　　　　线 b　　　　　　　　　线 c　　　　　　　　　线 d

规则：y 比 0 多 x　　规则：_____　　规则：_____　　规则：_____

x	y	(x,y)
0		
5		
10		
15		

x	y	(x,y)
7		
10		
13		
18		

x	y	(x,y)
2		
4		
8		
11		

x	y	(x,y)
5		
7		
12		
15		

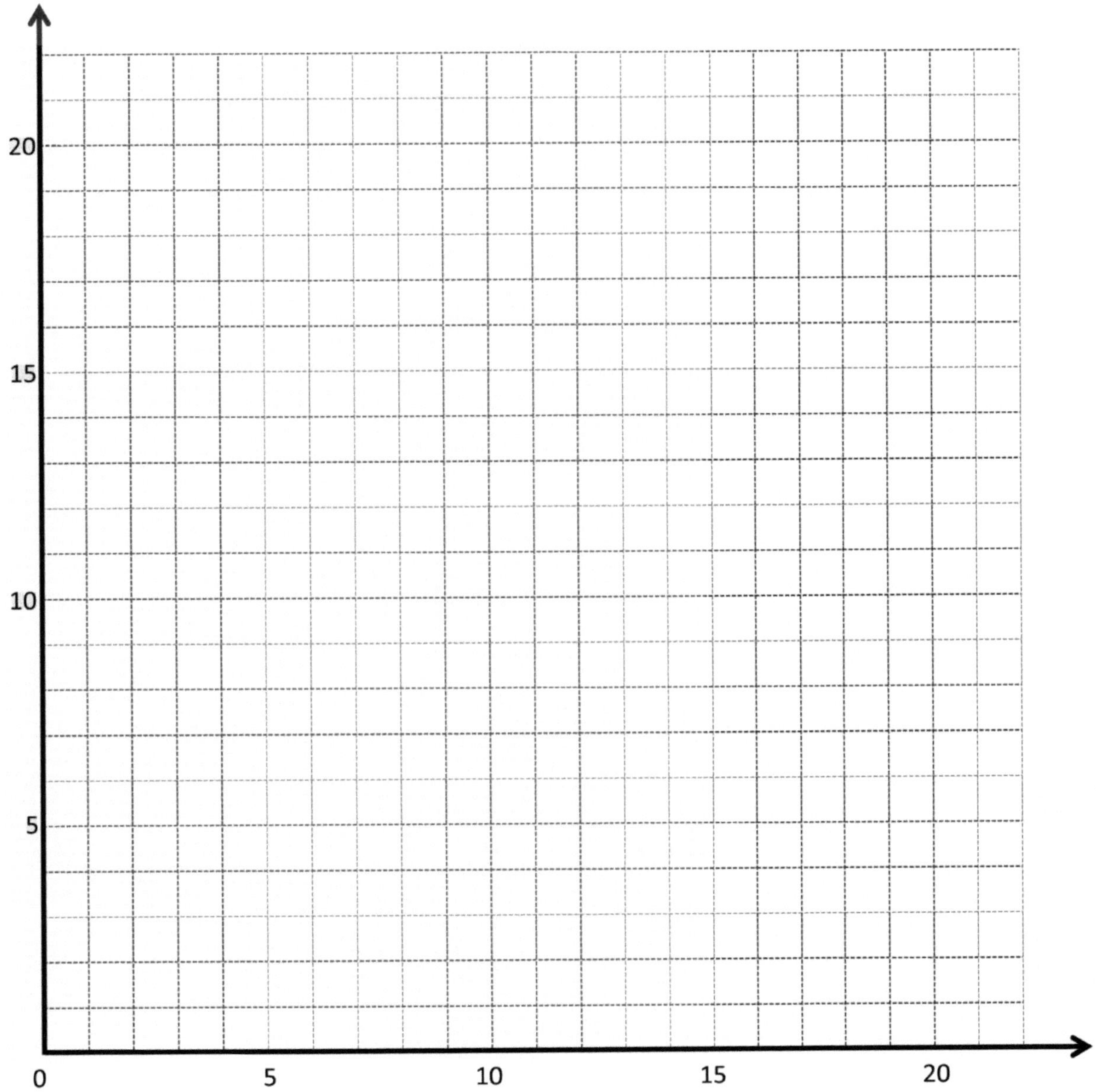

坐标平面

第10课：　比较加法规则和乘法规则生成的线条和模式。

线 g 规则：_____   线 h 规则：_____

x	y	(x, y)
1		
2		
5		
7		

x	y	(x, y)
3		
6		
12		
15		

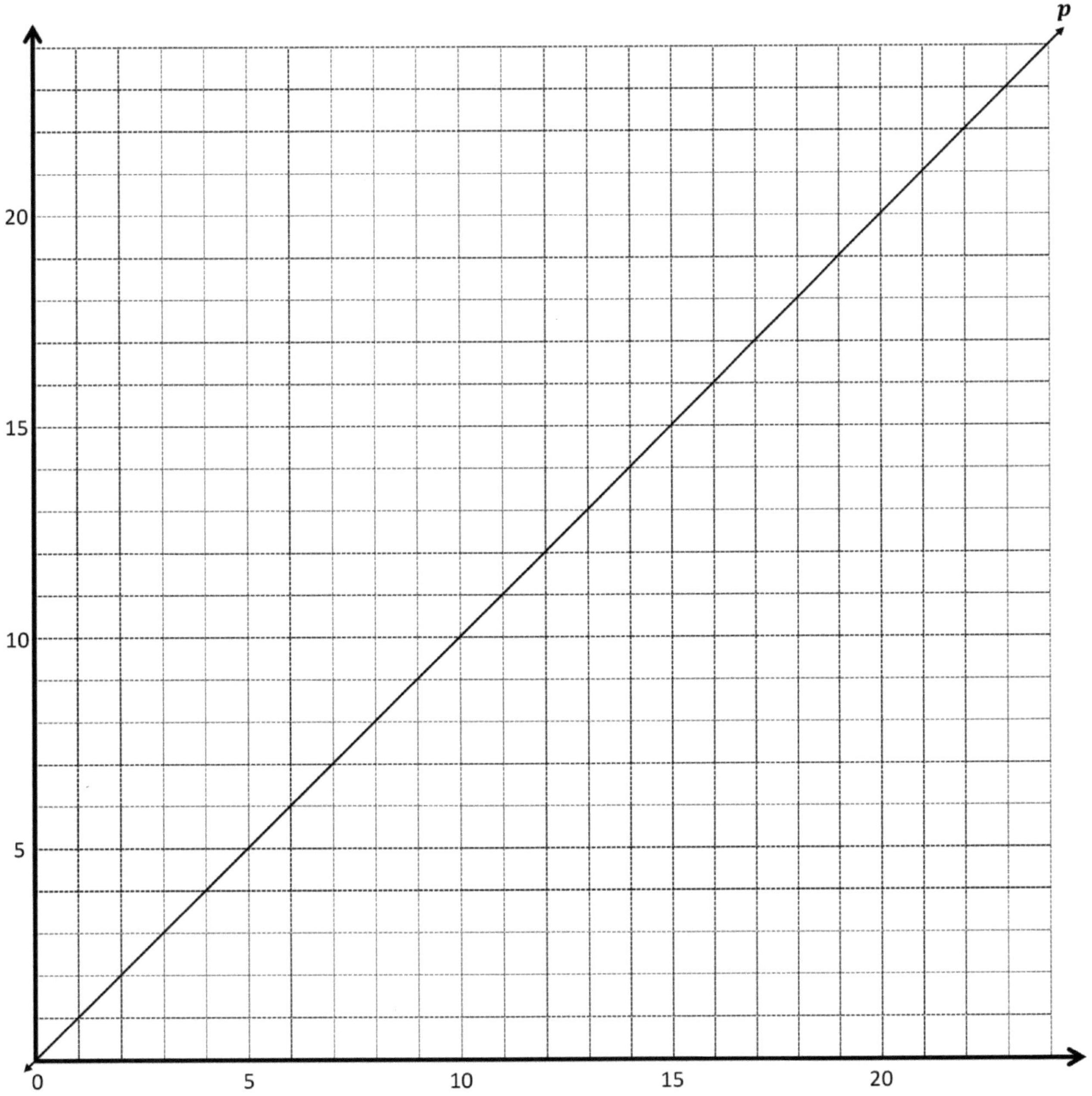

坐标平面

第10课： 比较加法规则和乘法规则生成的线条和模式。

蜜雪儿(Michelle)有3公斤草莓，她将草莓平均分成小袋，每袋15公斤。

    a. 她做了几袋草莓？

    b. 她把一个包给了她的朋友莎拉。莎拉吃了一半的草莓。莎拉剩下多少克草皮？

阅读　　　　绘画　　　　编写

姓名 _____ **日期** _____

1. 完成给定规则的表。

线 ℓ

规则：双 x

x	y	(x, y)
0		
1		
2		
3		

线 m

规则：双 X，然后加 1

x	y	(x, y)
0		
1		
2		
3		

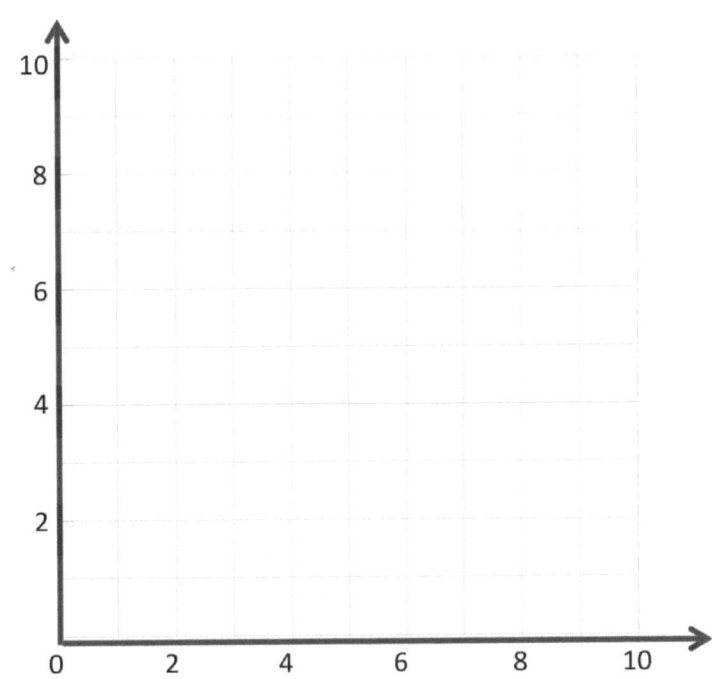

a. 在上方的坐标平面上绘制每条线。

b. 比较并对比这些线条。

c. 根据您看到的模式，预测规则的行双 X，然后减去 1 看起来像。在上面的平面上画线。

2. 圈出规则线所在的点乘 X 通过 $\frac{1}{3}$，然后加 1 将包含。

$(0, \frac{1}{3})$ 　　$(2, 1\frac{2}{3})$ 　　$(1\frac{1}{2}, 1\frac{1}{2})$ 　　$(2\frac{1}{4}, 2\frac{1}{4})$

a. 解释你怎么知道的。

b. 给出这条线上的其他两点。

3. 完成给定规则的表。

线 ℓ
规则：减半 X

x	y	(x, y)
0		
1		
2		
3		

线 m
规则：减半 X，然后加 $1\frac{1}{2}$

x	y	(x, y)
0		
1		
2		
3		

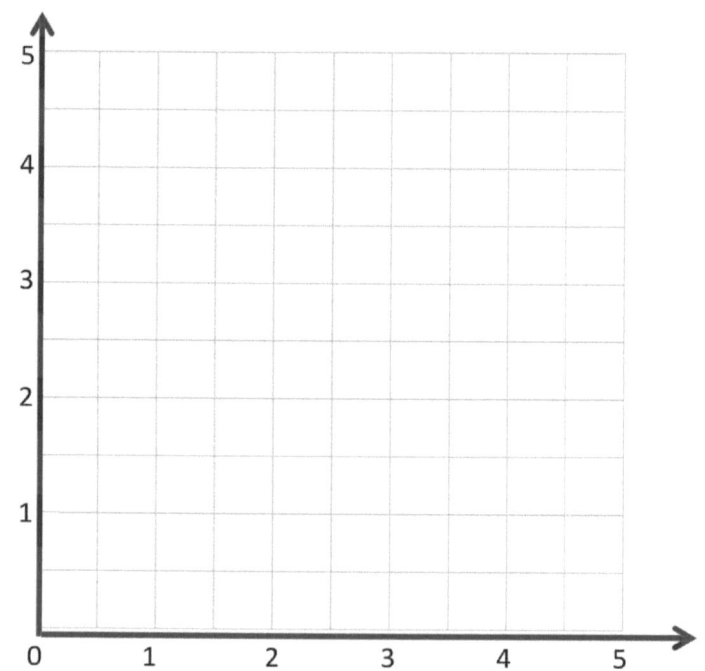

a. 在上方的坐标平面上绘制每条线。

b. 比较并对比这些线条。

c. 根据您看到的模式，预测规则的行 减半 X，然后减去1 看起来像。在上面的平面上画线。

4. 圈出规则线所在的点 乘 X 通过 $ww\frac{2}{3}$，然后减去1 将包含。

$(1\frac{1}{3}, \frac{1}{9})$ $(2, \frac{1}{3})$ $(1\frac{3}{2}, 1\frac{1}{2})$ $(3, 1)$

a. 解释你怎么知道的。

b. 给出这条线上的其他两点。

姓名 _____ 日期 _____

1. 完成给定规则的表。

   线 ℓ

   规则：三倍 x

x	y	(x, y)
0		
1		
2		
3		

   线 m

   规则：三倍 x，然后加 1

x	y	(x, y)
0		
1		
2		
3		

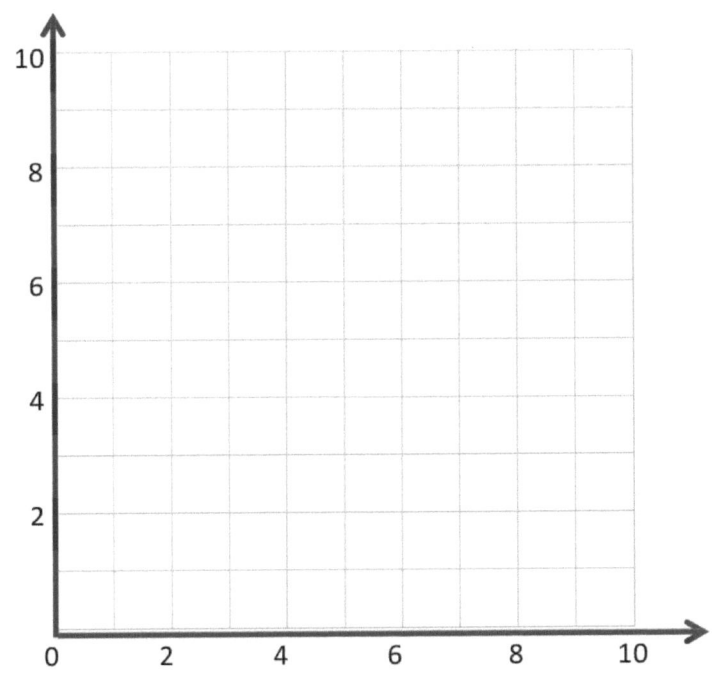

   a. 在上方的坐标平面上绘制每条线。

   b. 比较并对比这些线条。

3. 圈出规则线所在的点乘 x 通过 $\frac{1}{3}$，然后加 1 将包含。

   $(0, \frac{1}{2})$ $(1, 1\frac{1}{3})$ $(2, 1\frac{2}{3})$ $(3, 2\frac{1}{2})$

第11课： 分析从混合操作创建的数字模式。

单位的故事

线 ℓ
规则：三倍 x

x	y	(x, y)
0		
1		
2		
4		

线 m
规则：三倍 x，然后添加3

x	y	(x, y)
0		
1		
2		
3		

线 n
规则：三倍 x，然后减去2

x	y	(x, y)
1		
2		
3		
4		

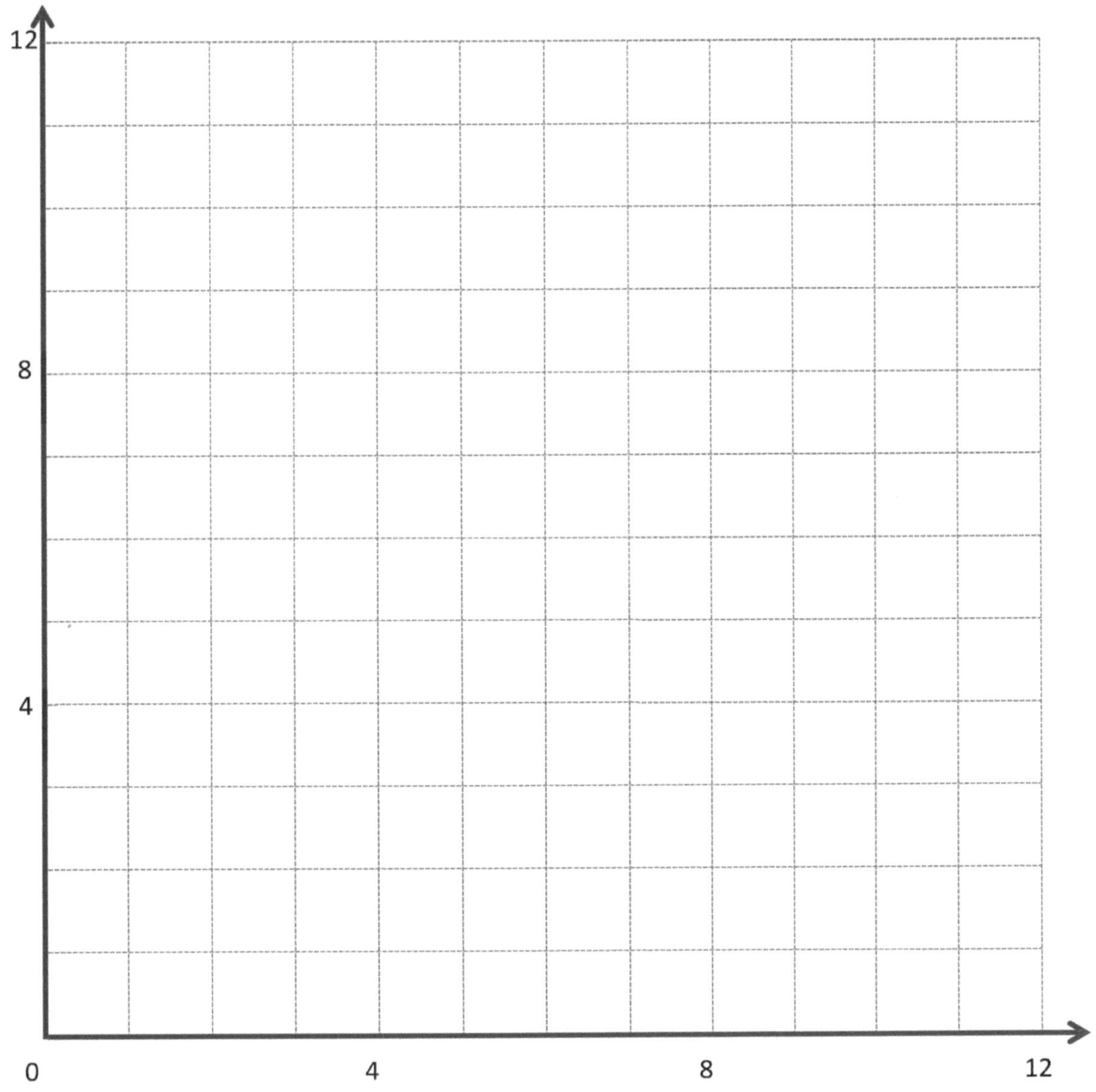

坐标平面

第11课： 分析从混合操作创建的数字模式。

琼斯先生有640本书。他卖了 $\frac{1}{4}$ 其中9月份的每本价格为 $2.00。他在十月份售出了剩余书籍的一半。他十月份卖出的每一本书都赚了 $\frac{3}{4}$ 每本书9月份的售价。琼斯先生卖书赚了多少钱？用纸带图显示您的想法。

阅读　　　绘画　　　编写

姓名 _____ **日期** _____

1. 为包含点 $(0, \frac{3}{4})$ 和 $(2\frac{1}{2}, 3\frac{1}{4})$。

    a. 在这条线上再确定2个点。在下面的网格上画线。

点	x	y	(x, y)
B			
C			

    b. 为以下行写一条规则平行 $\overleftrightarrow{BC}$ 并经历点 $(1, \frac{1}{4})$。

2. 为该行创建一条规则包含点 $(1, \frac{1}{4})$ 和 $(3, \frac{3}{4})$。

    a. 在此基础上再确定2点线。在网格上画线正确的。

点	x	y	(x, y)
G			
H			

    b. 为穿过原点并位于两者之间的线编写规则 $\overleftrightarrow{BC}$ 和 $\overleftrightarrow{GH}$。

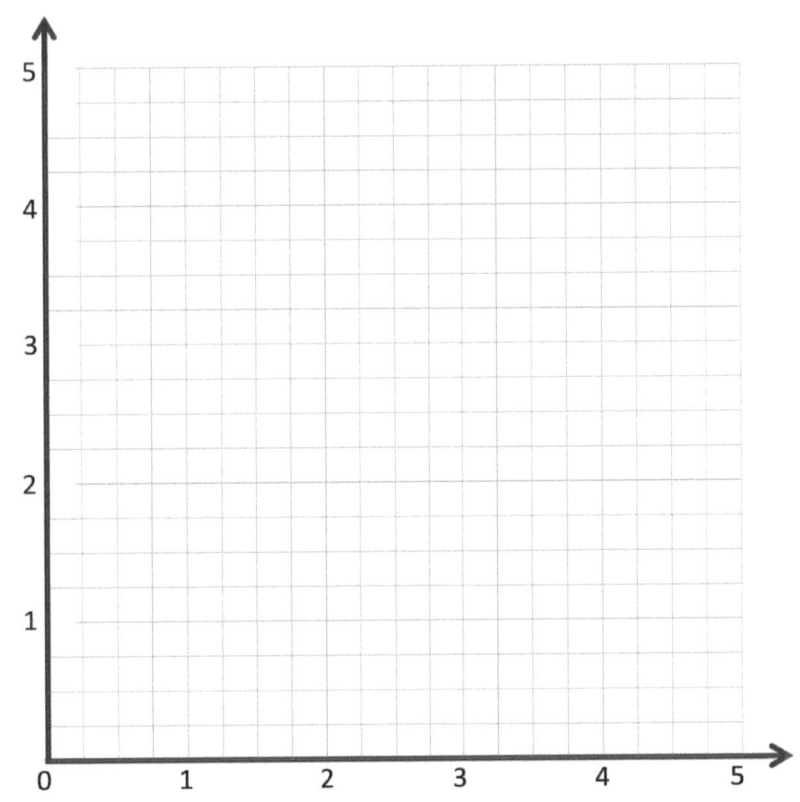

3. 为包含该点的线创建规则（$\frac{1}{4}$，$1\frac{1}{4}$），请使用以下操作或说明。然后，命名将落在每行上的其他2个点。

a. 加法：_____

点	x	y	(x, y)
T			
U			

b. 平行于 x-轴：_____

点	x	y	(x, y)
G			
H			

c. 乘法：_____

点	x	y	(x, y)
A			
B			

d. 平行t线 o ÿ 轴：_____

点	x	y	(x, y)
V			
W			

e. 加乘：_____

点	x	y	(x, y)
R			
S			

4. 博伊德太太让学生们给可以描述一条线的规则包含点 (0.6, 1.8)。阿维说规则可能是 *乘 x 乘3* 。以斯拉声称这可能是一条垂直线，并且规则可能是 *x 总是0.6* 。埃里克认为规则可能是 *加1.2 x* 。博伊德夫人说，他们所有的台词正在描述可以描述一条线包含了她给出的观点。说明这怎么可能，并划清界限在座标平面上以支持您响应。

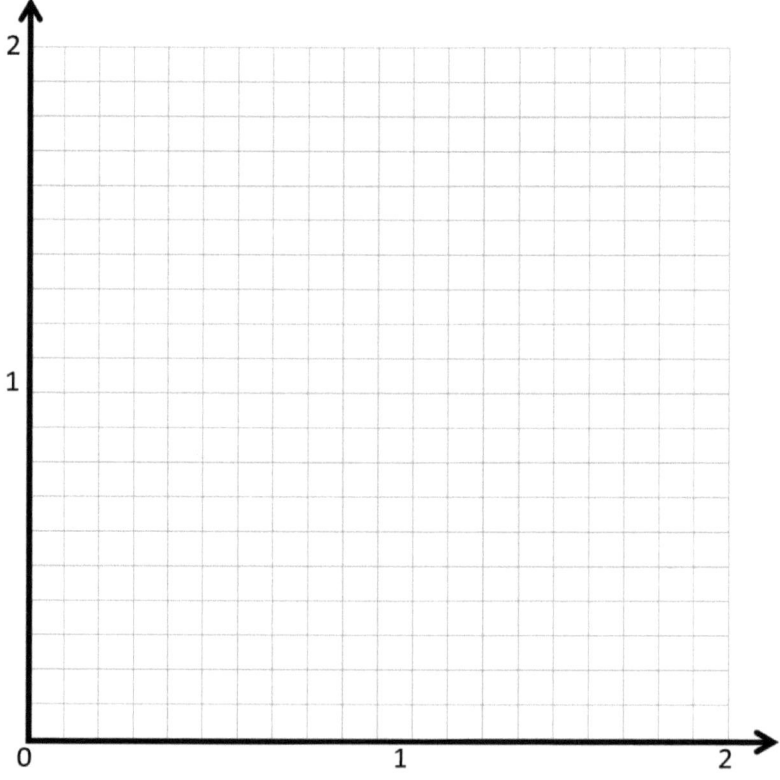

扩展：

5. 为包含点 $(0, 1)$ 和 $(1, 3)$ 的线创建混合操作规则。

   a. 再确定2点，O 和 P，在这条线上。在格。

点	x	y	(x, y)
O			
P			

   b. 为以下行写一条规则平行 $\overleftrightarrow{OP}$ 并经历点 $(1, 2\frac{1}{2})$。

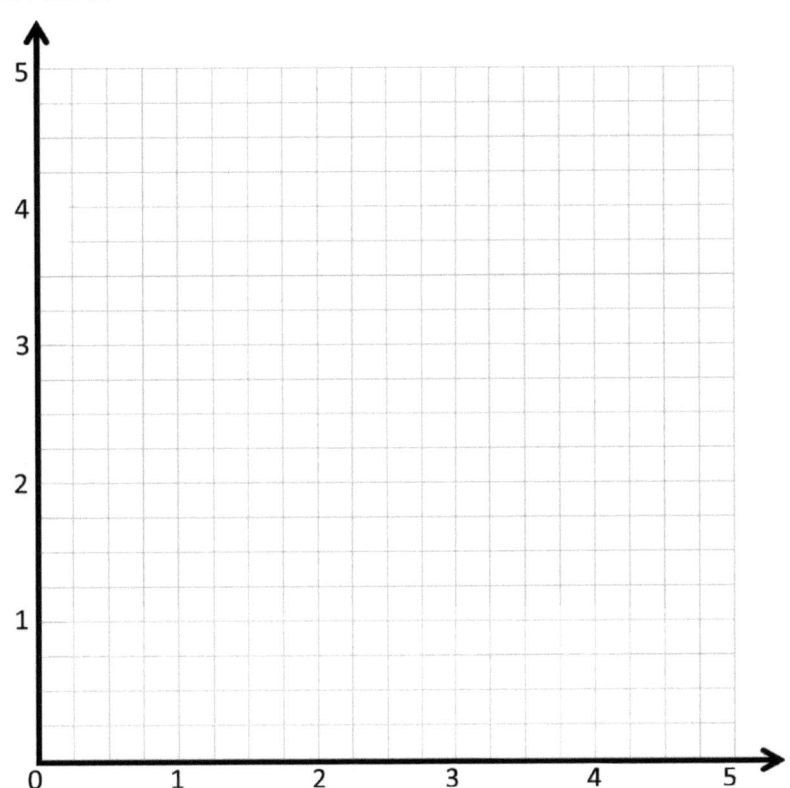

姓名 _____ 日期 _____

编写包含点 $(0, 1\frac{1}{2})$ 和 $(1\frac{1}{2}, 3)$。

a. 在这条线上再确定2个点。
   在网格上画线。

点	x	y	(x, y)
B			
C			

b. 为以下行写一条规则
   平行 $\overleftrightarrow{BC}$ 并经历 $(1, \frac{1}{2})$。

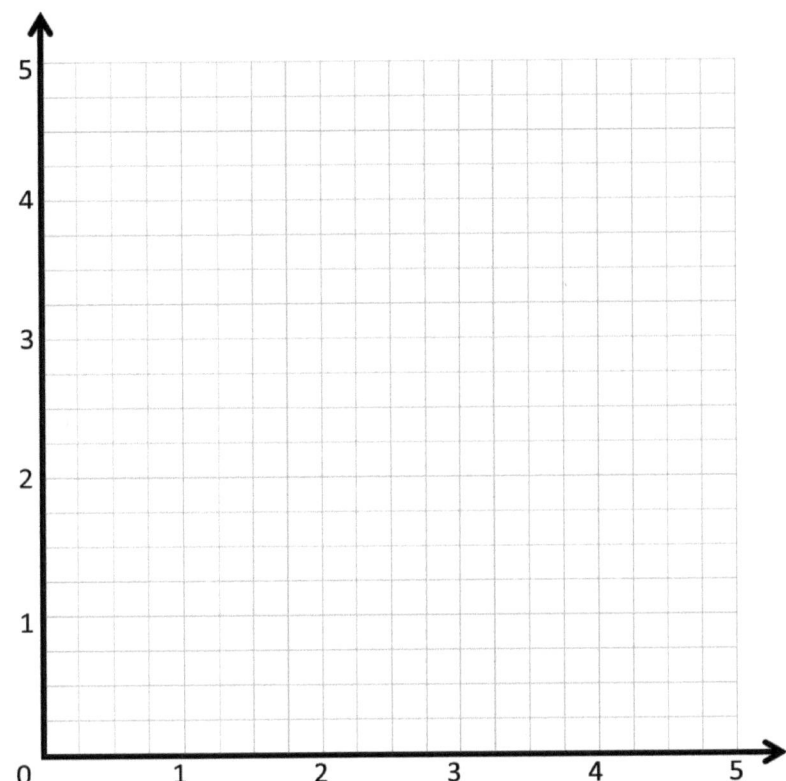

第12课： 创建规则以生成数字模式，并绘制点。

单位的故事　　　　　　　　　　　　　　　　　　　　　　　　　　第12课模板　5•6

　　　　　　线 l　　　　　　　　　　　　　　　　　　线 m

　　规则：_____　　　　规则：_____

点	x	y	(x,y)
A	$1\frac{1}{2}$	3	$(1\frac{1}{2}, 3)$
B			
C			
D			

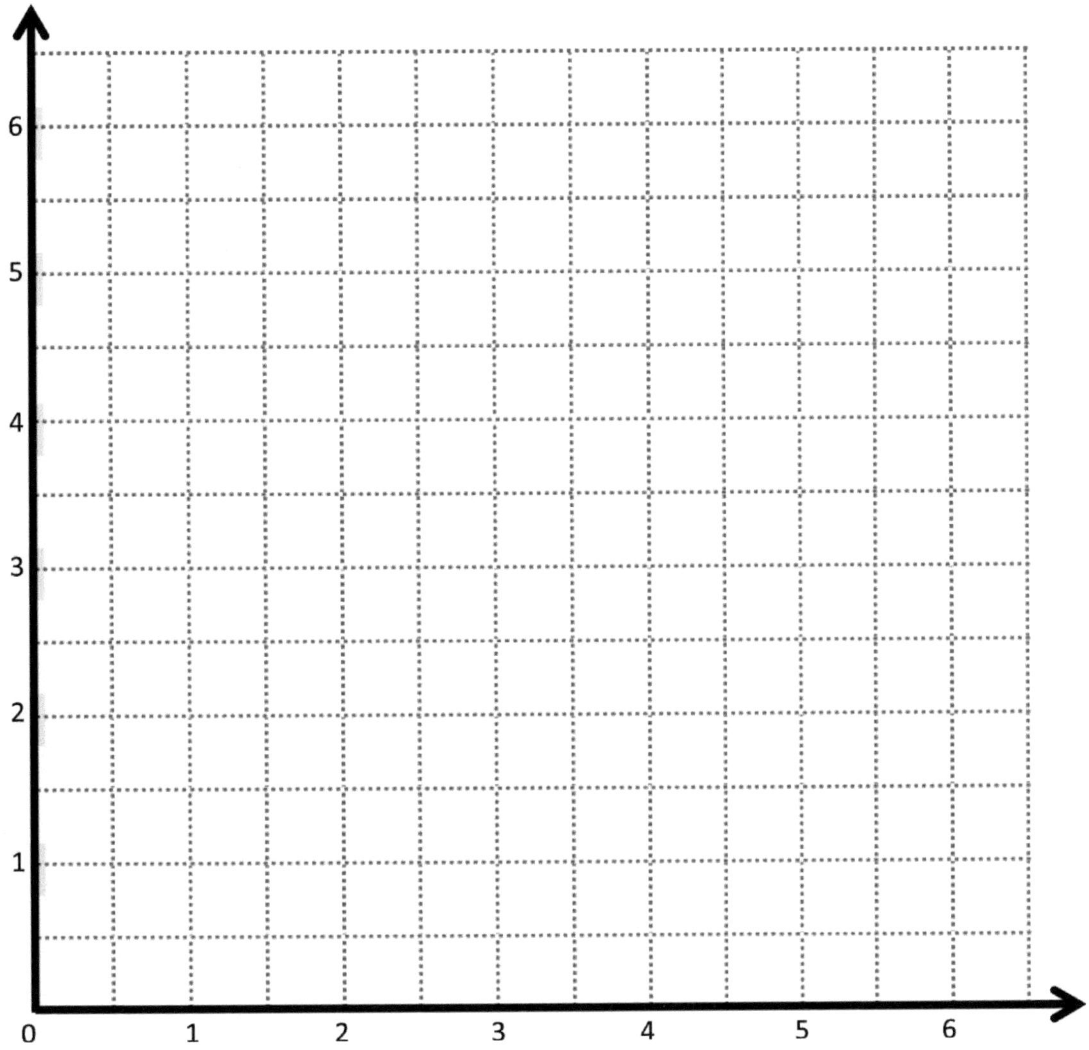

点	x	y	(x,y)
A			
E			
F			
G			

坐标平面

第12课：　创建规则以生成数字模式，并绘制点。

姓名 _____   日期 _____

1. 使用直角模板和直尺在下面的空间中绘制至少四组平行线。

2. 圈出平行的线段。

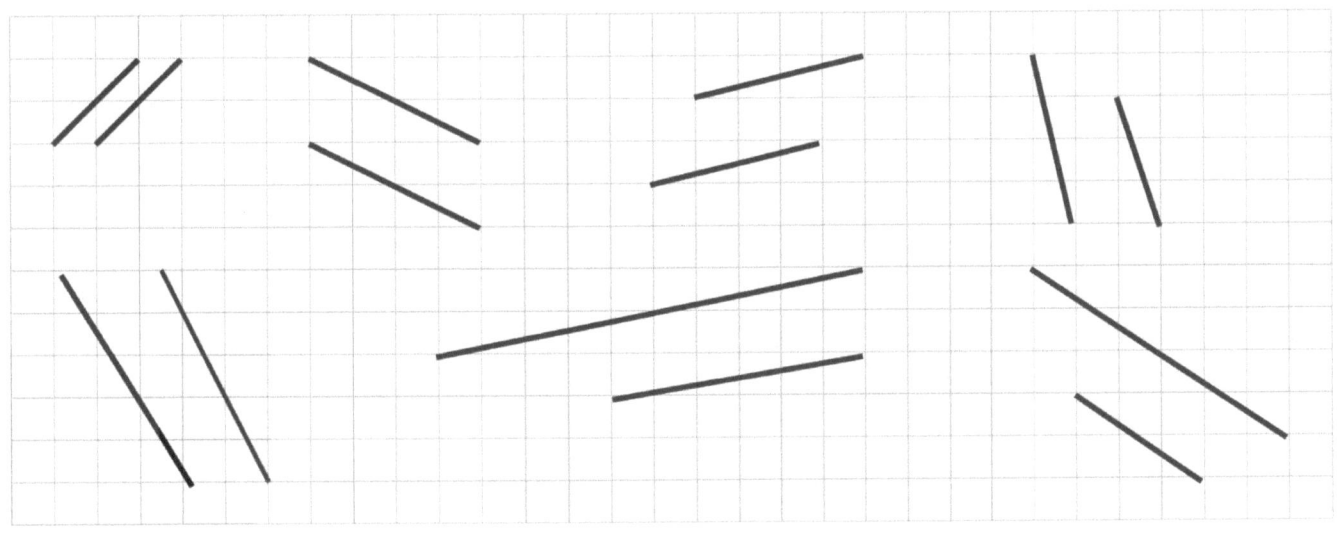

3. 使用您的笔直画一条平行于给定点的每个线段的线段。

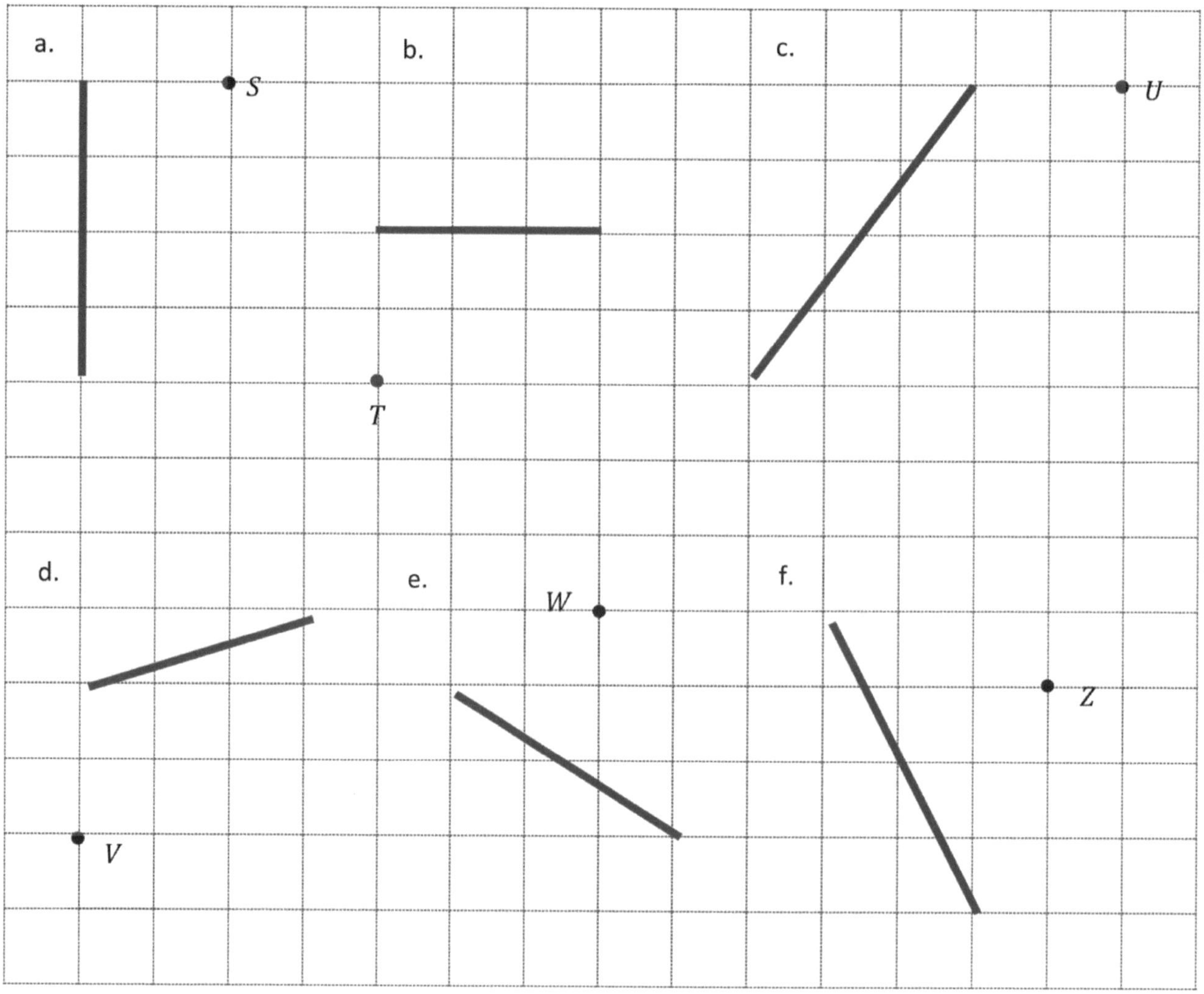

a.   　　　• S

b.   　　　• T

c.   　　　• U

d.   　　　• V

e.   　　　• W

f.   　　　• Z

4. 画两条与线平行的线 ℓ 。

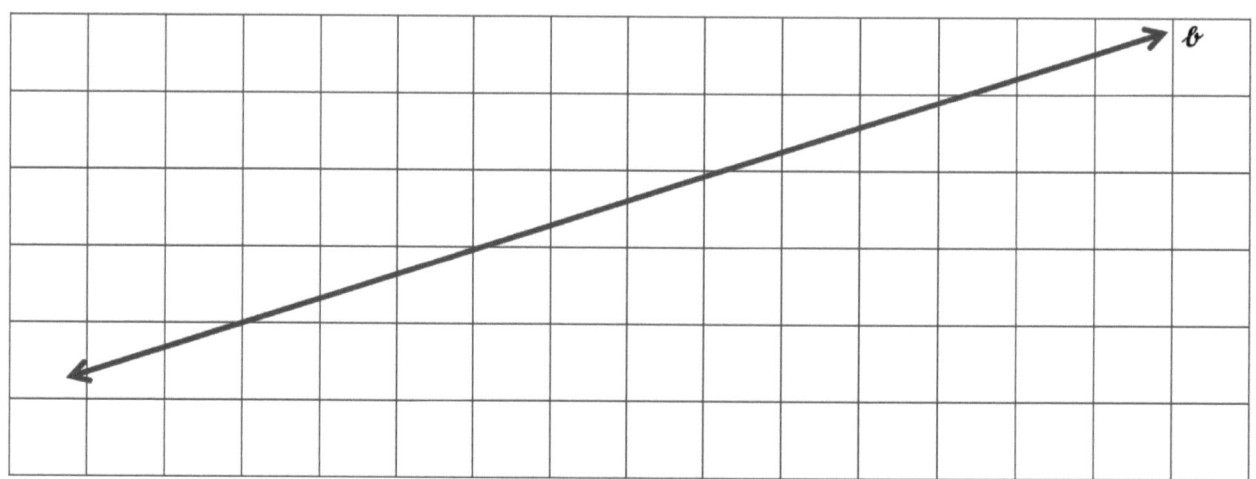

单位的故事 第13课课堂反馈条 5•6

姓名 _____ 日期 _____

使用您的笔直画一条平行于给定点的每个线段的线段。

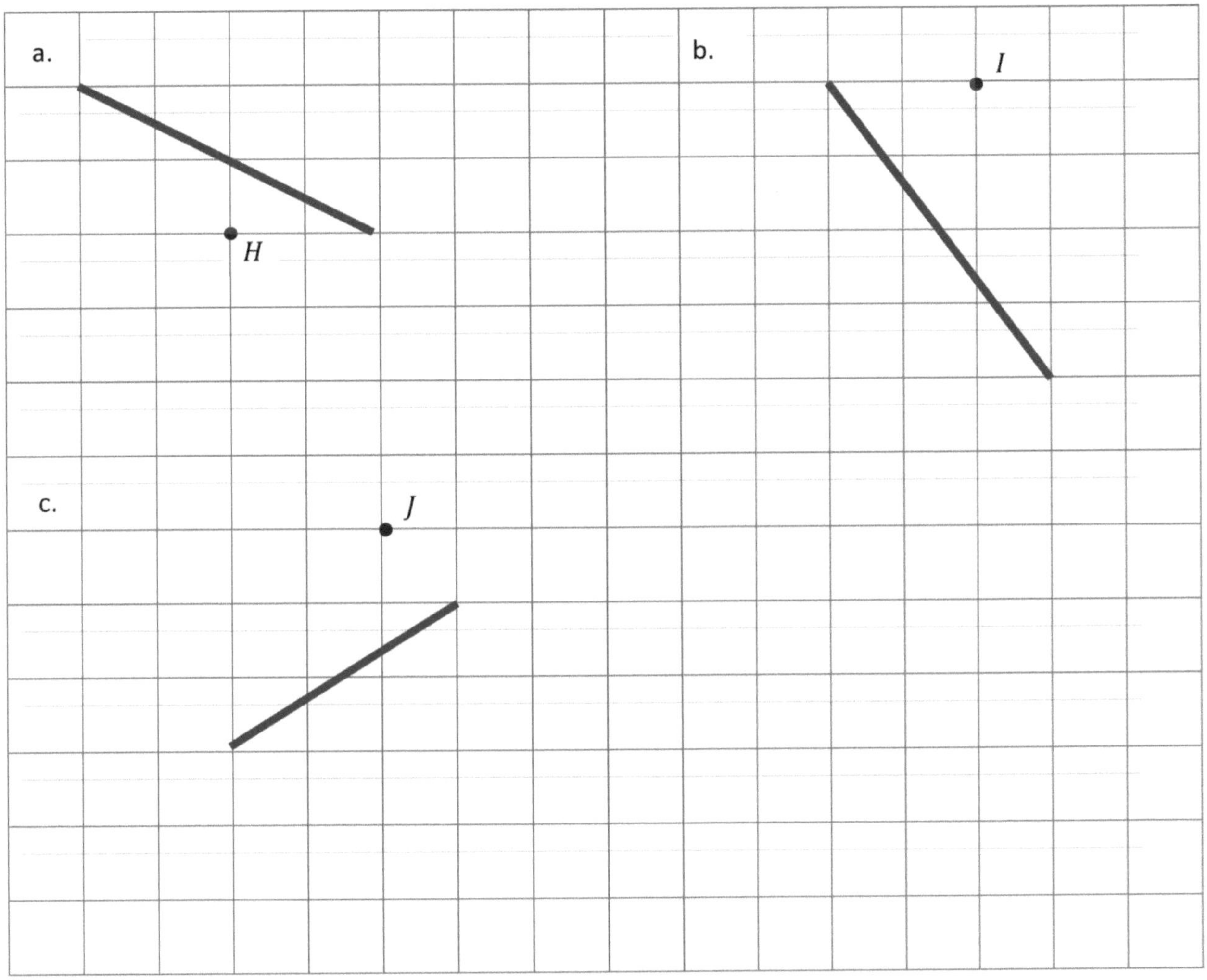

a.

• H

b.

• I

c.

• J

第13课： 在矩形网格上构造平行线段。

单位的故事 第13课范本1

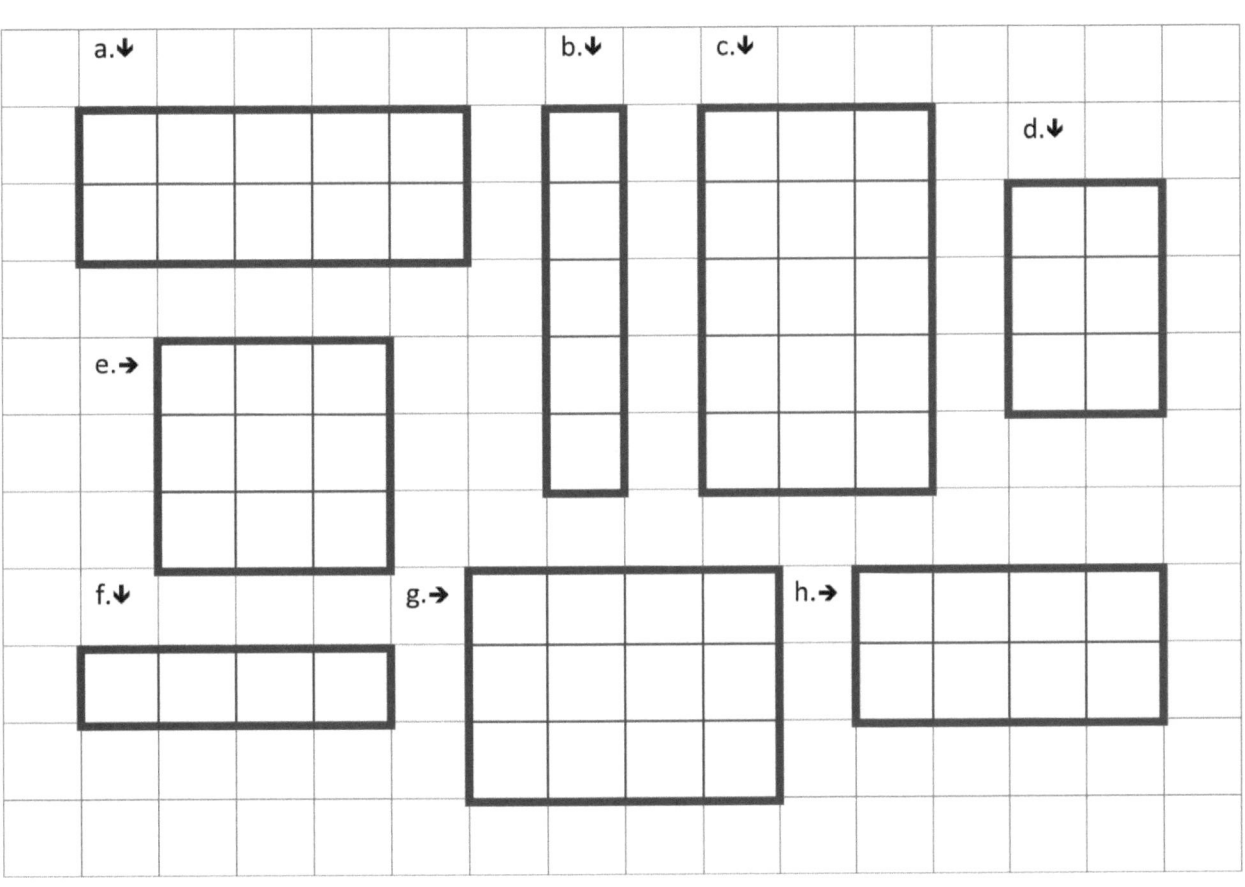

矩形

第13课： 在矩形网格上构造平行线段。

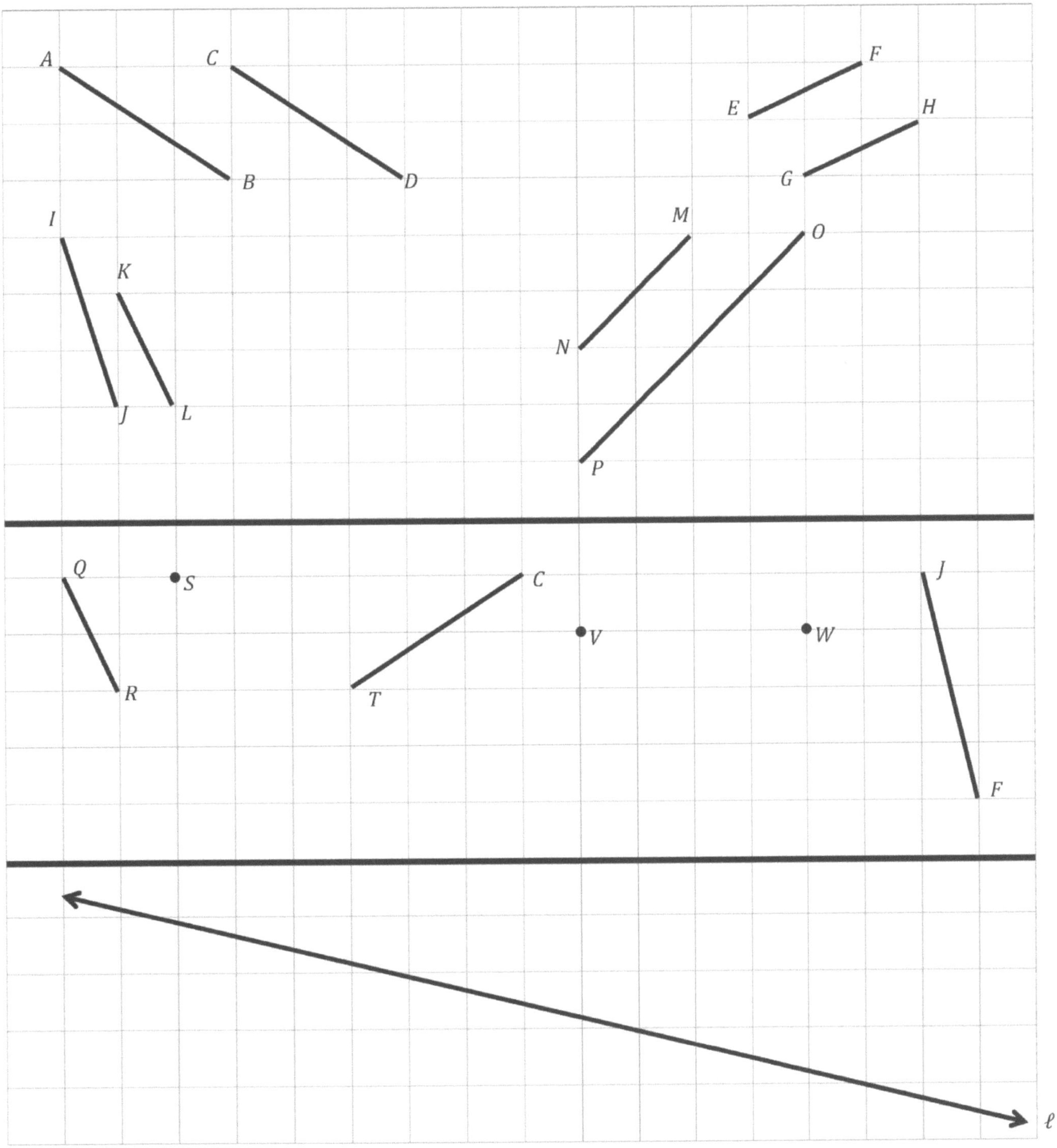

单位的故事

第13课：在矩形网格上构造平行线段。

记录纸

德鲁的鱼缸尺寸为32厘米乘22厘米乘26厘米。他往其中倒了20升水溢出水箱。查找溢出的水量（以毫升为单位）。

阅读   绘画   编写

姓名 _____ 日期 _____

1. 使用下面的坐标平面完成以下任务。

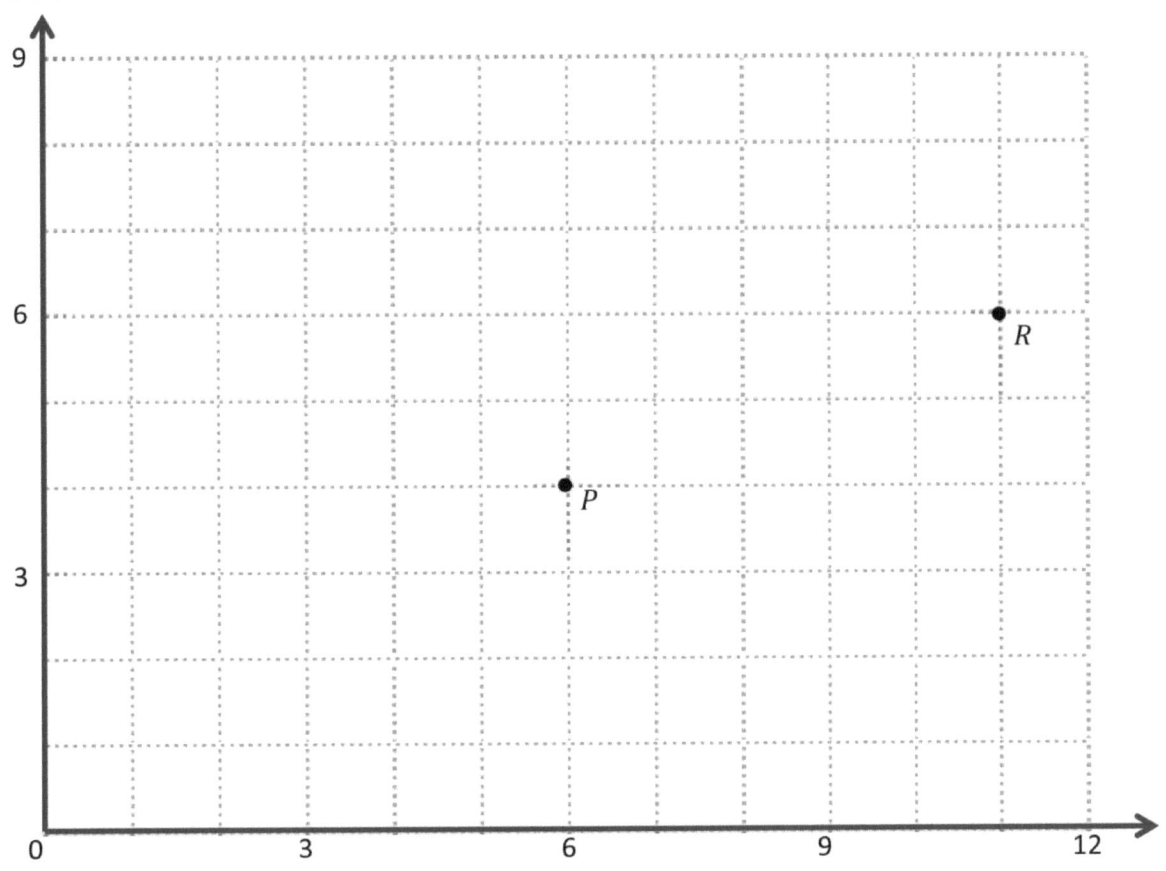

   a. 确定位置 P 和 R 。   P：(____, ____) R：(____, ____)
   b. $\overrightarrow{PR}$ 画。
   c. 在平面上绘制以下坐标对。

   $$S:(6,7) \qquad T:(11,9)$$

   d. $\overrightarrow{ST}$ 画。
   e. 圈出之间的关系 $\overrightarrow{PR}$ 和 $\overrightarrow{ST}$ 。 $\overrightarrow{ST}$ $\overrightarrow{PR} \perp \overrightarrow{ST}$

   f. 给出一对点的坐标，$\ddot{u}$ 和 V ，这样 $\overrightarrow{PR} \parallel \overrightarrow{ST}$ 。

   $$U:(____, ____) \qquad V:(____, ____)$$

   g. $\overrightarrow{UV} \parallel \overrightarrow{PR}$ 画。

2. 使用下面的坐标平面完成以下任务。

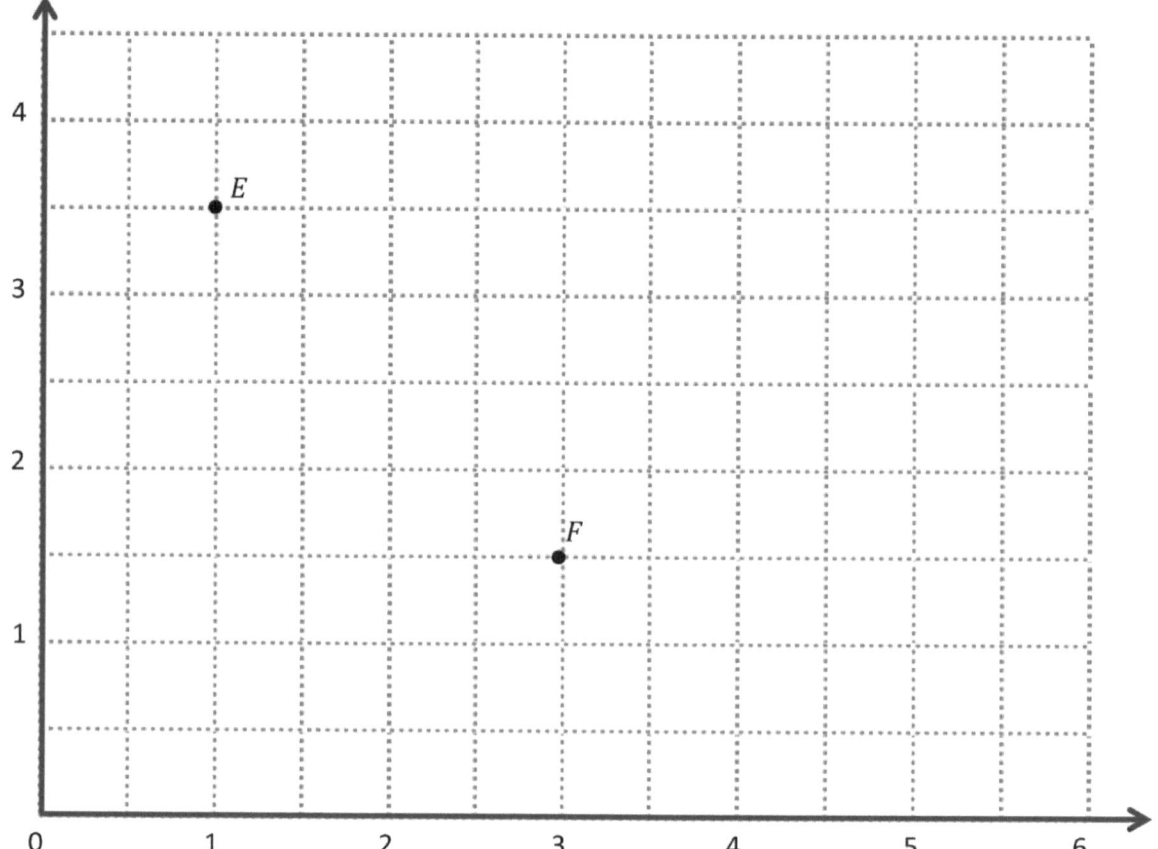

a. 确定位置 E 和 F 。　　　　　E :(＿＿, ＿＿)　F :(＿＿, ＿＿)

b. $\overline{UV}$ 画。

c. 为生成坐标对 L 和 M ,这样 $\overrightarrow{EF}$ 。

L :(＿＿, ＿＿)　　M :(＿＿, ＿＿)

d. $\overline{EF} \parallel \overline{LM}$ 画。

e. 解释为生成坐标对时使用的模式大号和中号。

f. 给出一个点的坐标, H ,这样 $\overline{LM}$ 。

G :$(1\frac{1}{2}, 4)$　　　　H :(＿＿, ＿＿)

g. 说明您如何选择坐标 H 。

单位的故事

姓名 _____ **日期** _____

使用下面的坐标平面完成以下任务。

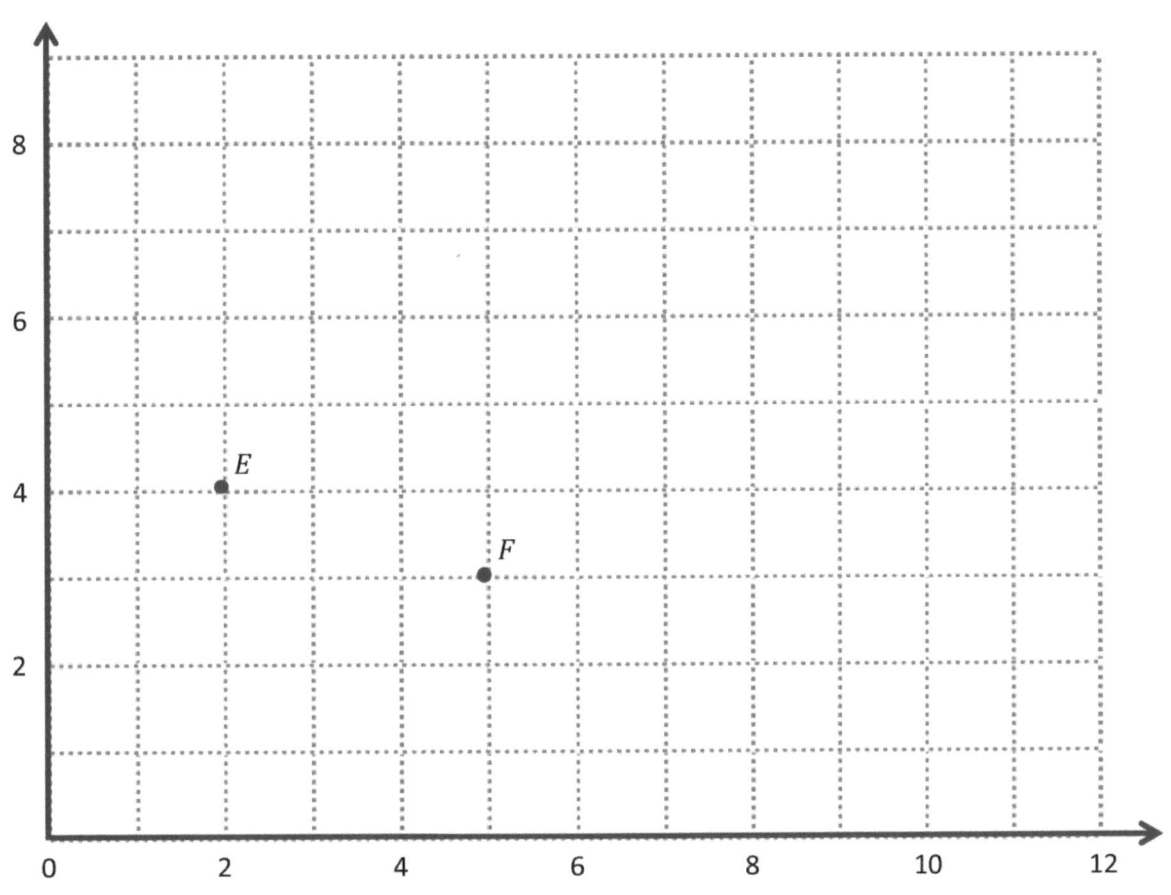

a. 确定位置 E 和 F。　　　　　E：(_____, _____)　F：(_____, _____)

b. $1\frac{1}{2}$ 画。

c. 为生成坐标对 L 和 M，这样 $\overleftrightarrow{EF}$ 。

　　　　　　　　　　　　　　　L：(____, ____)　　M：(____, ____)

d. $\overleftrightarrow{EF} \parallel \overleftrightarrow{LM}$ 画。

第14课：　　构造平行线段，并分析坐标对的关系。

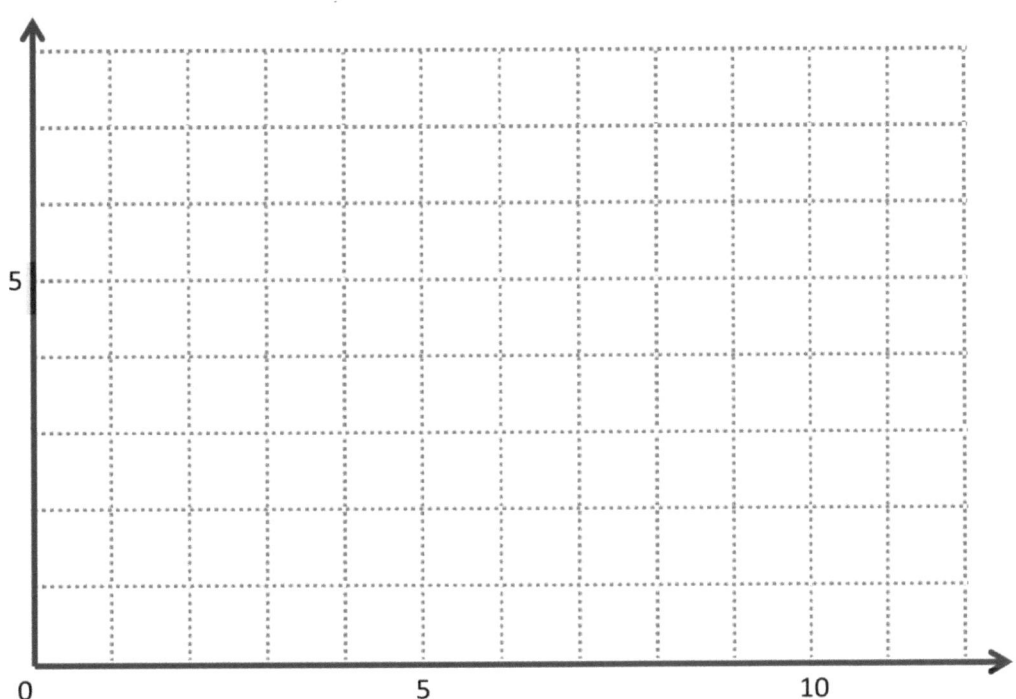

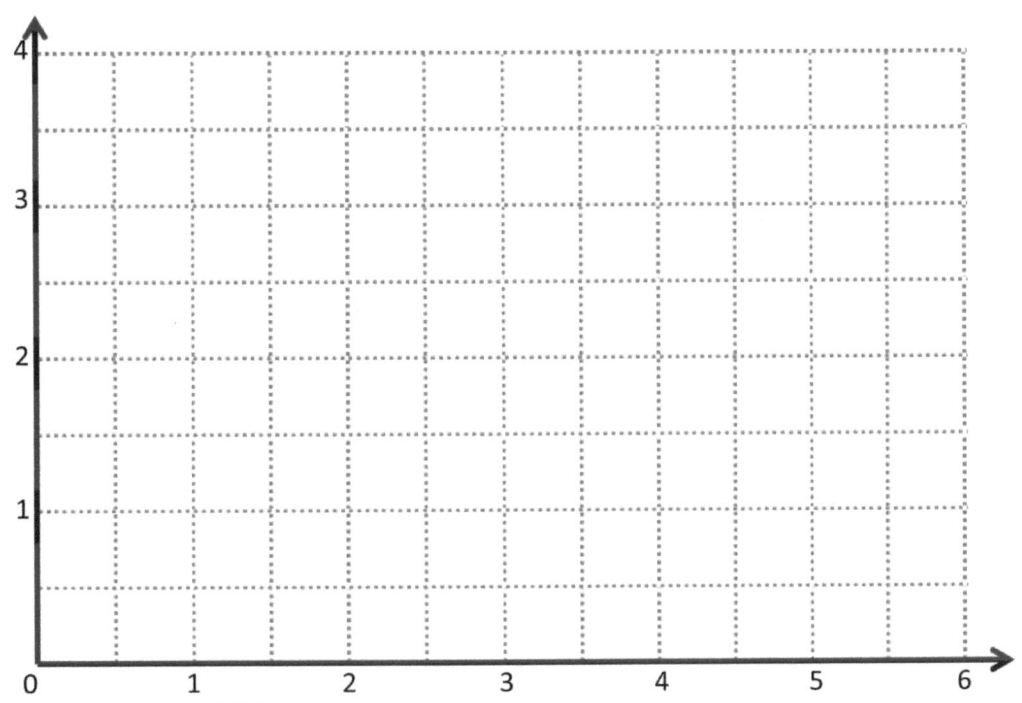

坐标平面

第14课: 构造平行线段，并分析坐标对的关系。

姓名_____ 日期_____

1. 圈出垂直的线段对。

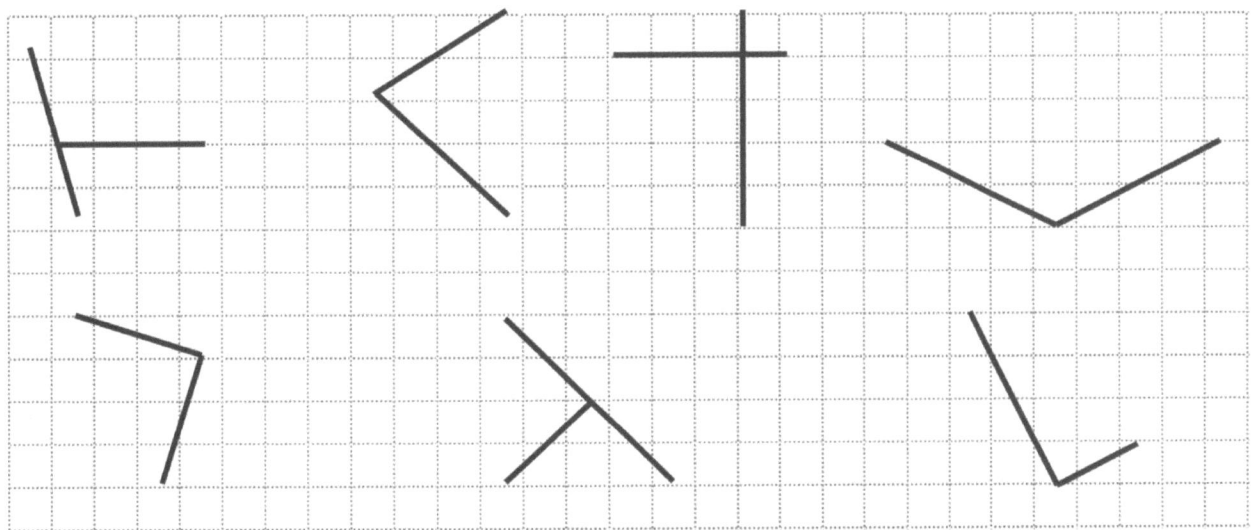

2. 在下面的空间中，使用直角三角形模板绘制至少3组不同的垂直线。

3. 绘制一个垂直于每个给定线段的线段。通过根据需要绘制三角形来显示您的想法。

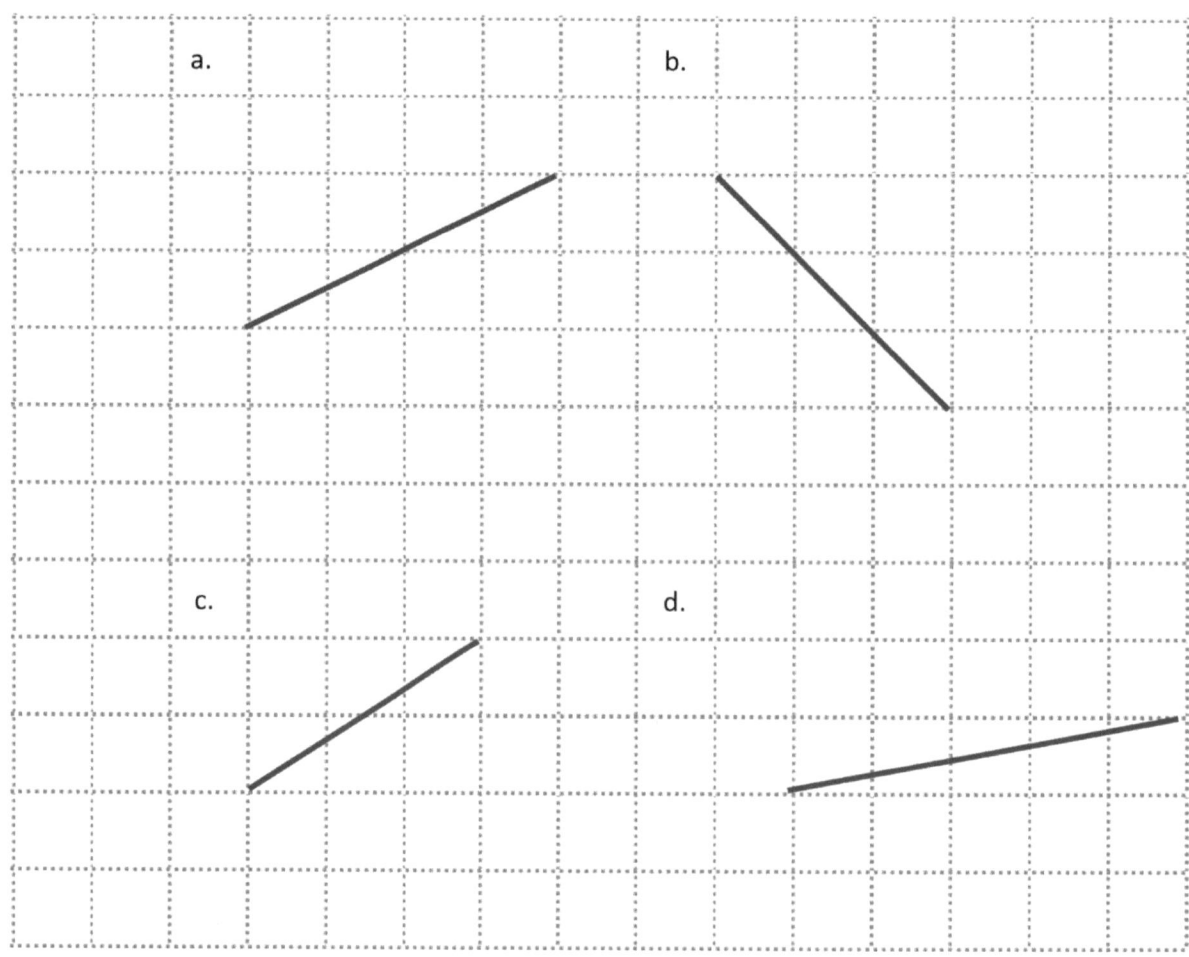

4. 垂直于线画2条不同的线 e 。

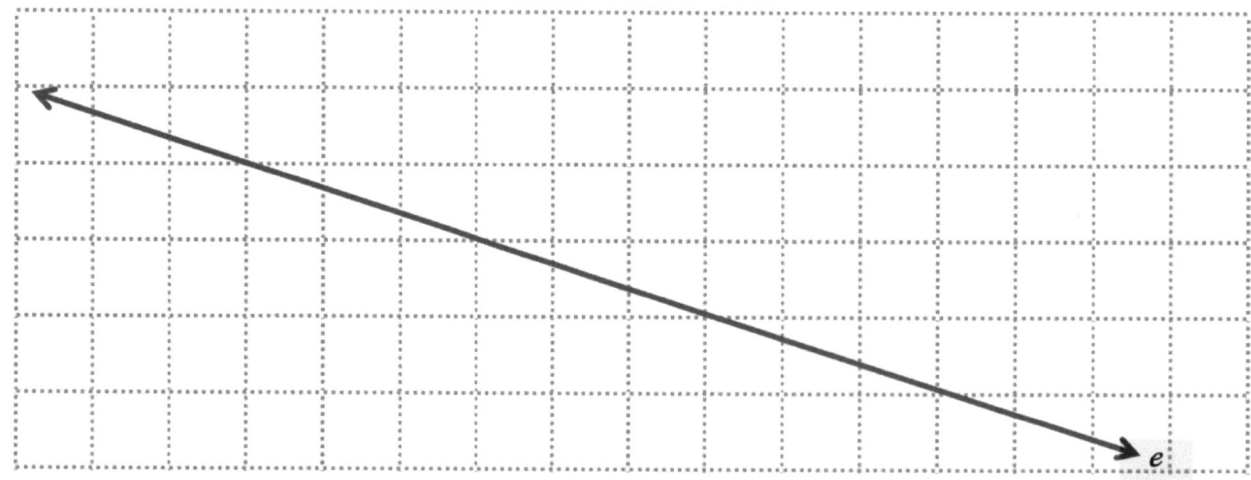

姓名 _____ 日期 _____

绘制一个垂直于每个给定线段的线段。通过根据需要绘制三角形来显示您的想法。

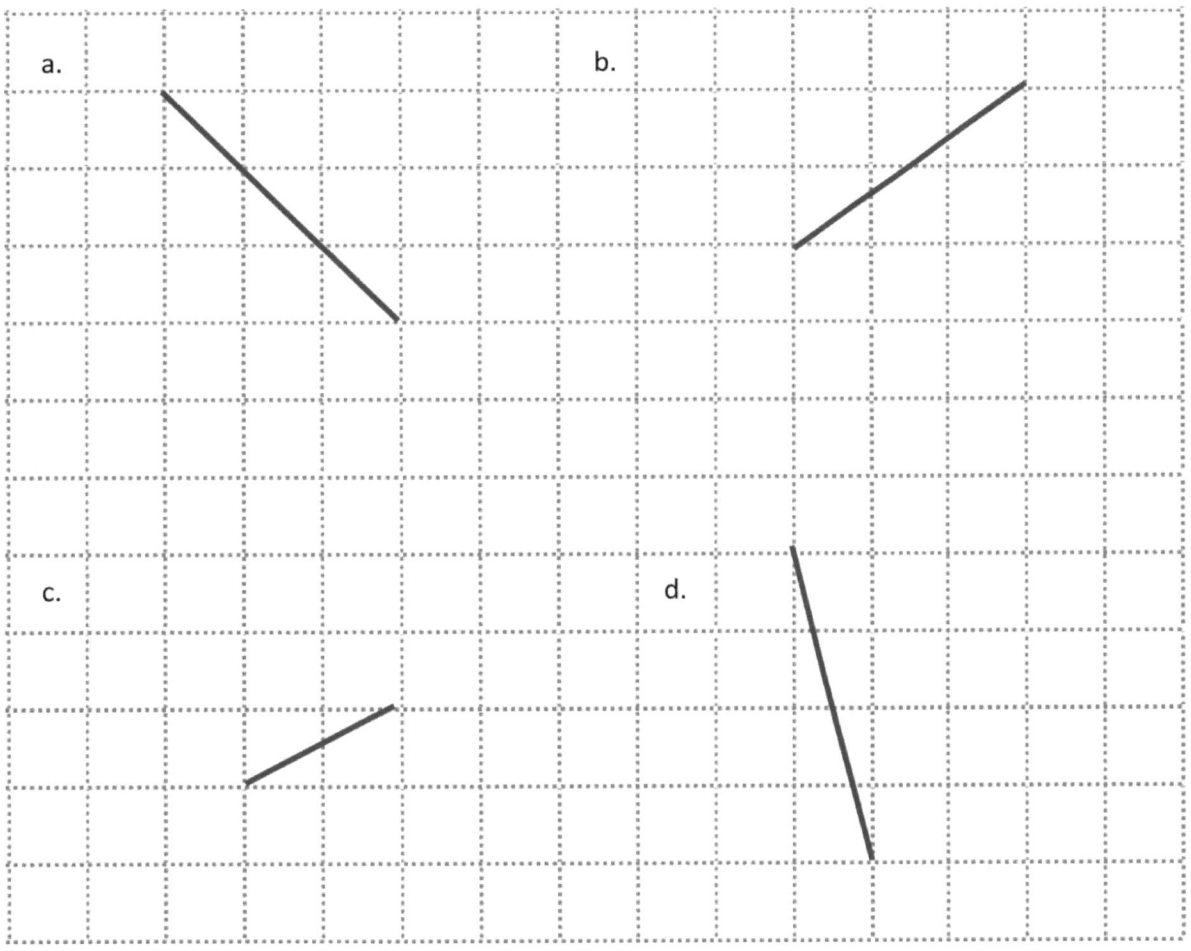

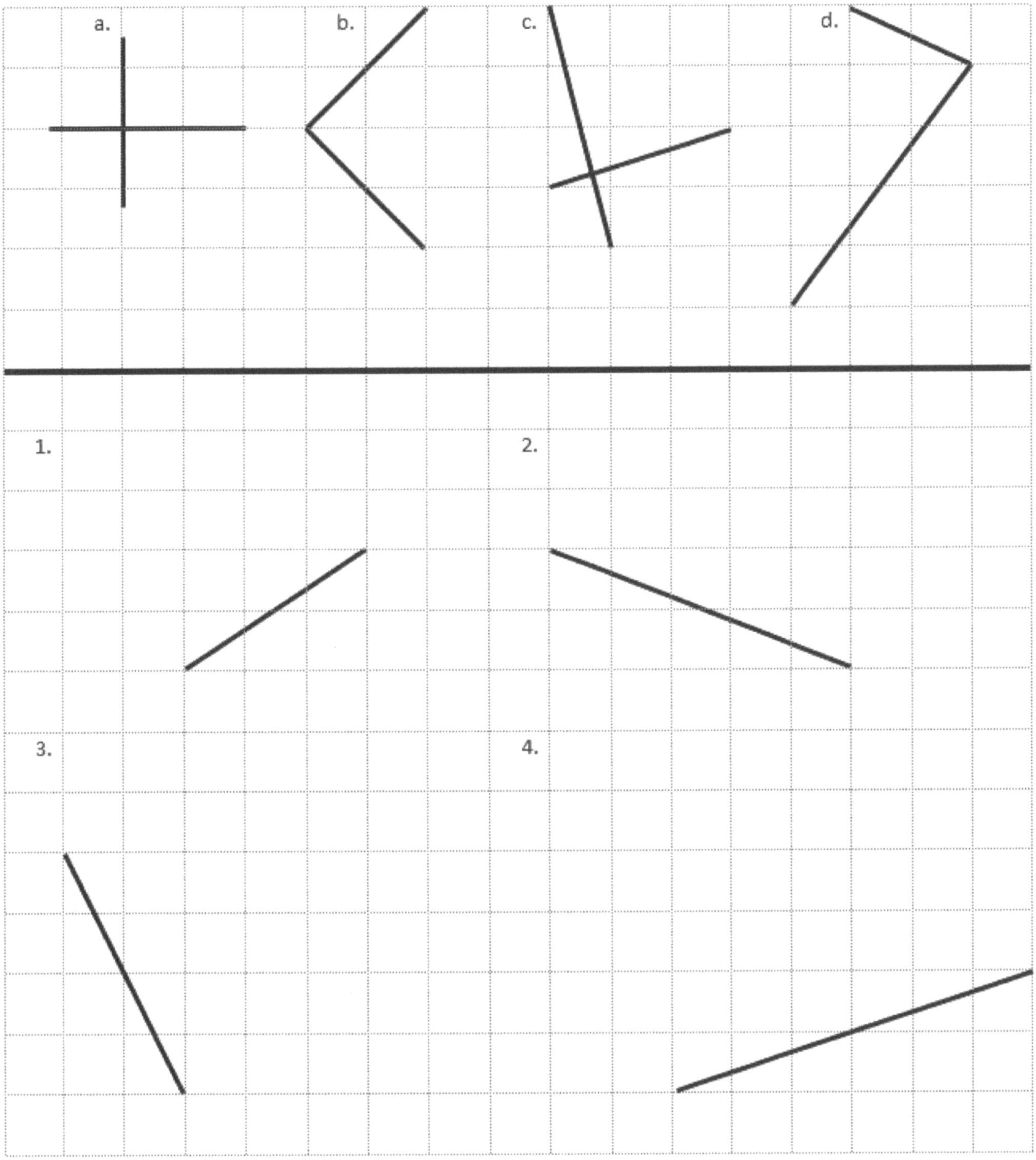

单位的故事 | 第15课范本1 | 5•6

a.   b.   c.   d.

1.   2.

3.   4.

记录纸

第15课： 在矩形网格上构造垂直线段。

131

a. 填写规则表 y 比一半多1 x，绘制坐标对，然后画一条线到连接他们。

b. 给 y -在此线上的点的坐标 x -坐标是 $42\frac{1}{4}$ 。

x	y
$\frac{1}{2}$	
$1\frac{1}{2}$	
$2\frac{1}{4}$	
3	

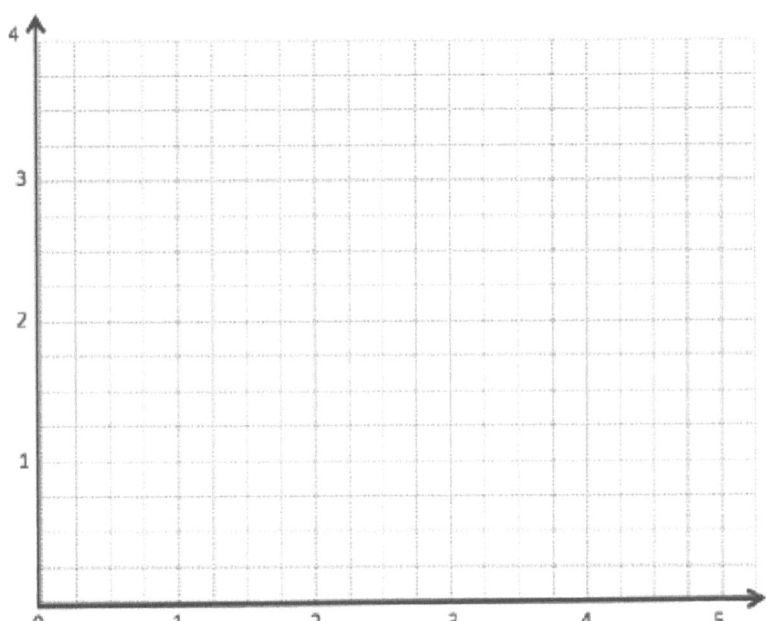

延期：给 x -在此线上的点的坐标 y -坐标是 $5\frac{1}{2}$ 。

阅读　　　　绘画　　　　编写

第16课：　　构造垂直线段，并分析坐标对。

姓名 _____ **日期** _____

1. 使用下面的坐标平面完成以下任务。

   a. $\overline{AB}$ 画。

   b. 绘图点 C $(0, 8)$。

   c. $\overline{AC}$ 画。

   d. 解释你怎么知道 $\overline{AB}$ 是一个直角而不测量。

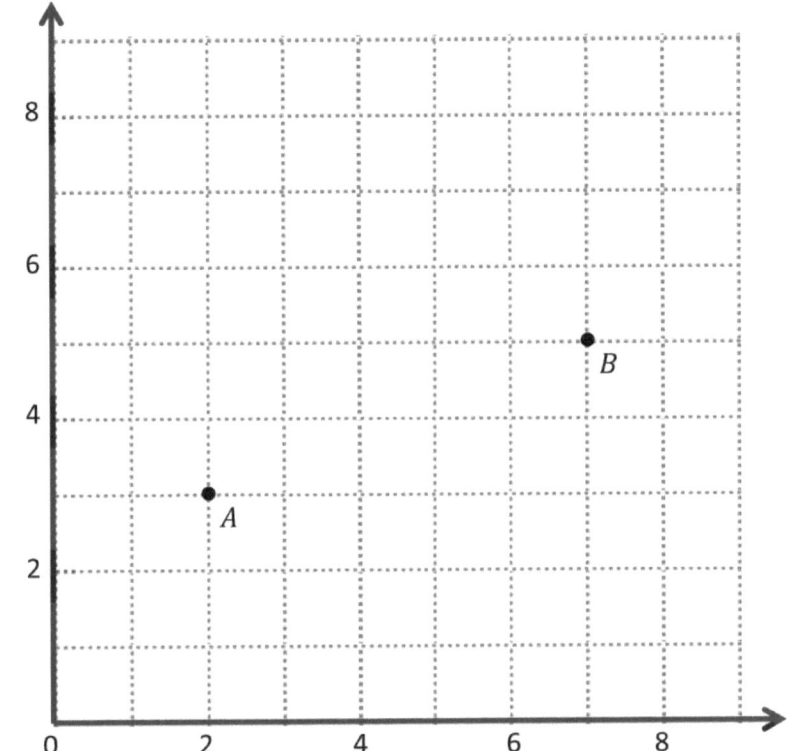

   e. 肖恩 (Sean) 画了下图，以找到垂直于 $\overline{AB}$。解释为什么肖恩是正确的。

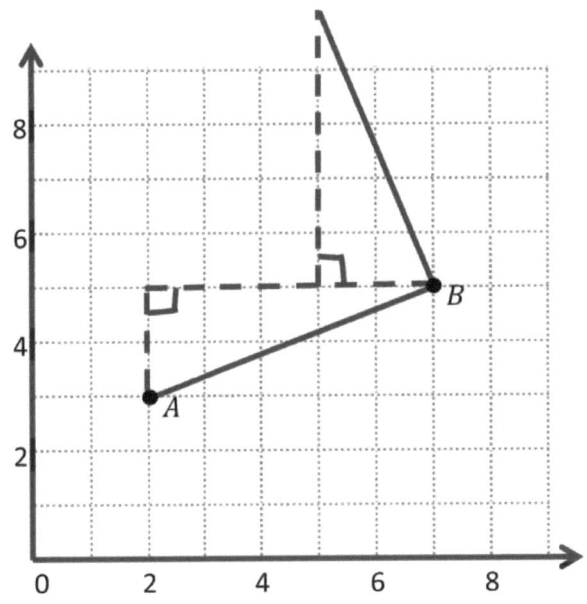

第16课： 构造垂直线段，并分析坐标对。

2. 使用下面的坐标平面完成以下任务。

   a. $\overline{OT}$ 画。

   b. 绘图点 R $(2, 6\frac{1}{2})$。

   c. $\overline{QR}$ 画。

   d. 解释你怎么知道 ∠RQT 是对的角度而不测量。

   e. 比较点的坐标 Q 和 T。有什么区别 x-坐标？的 y-坐标？

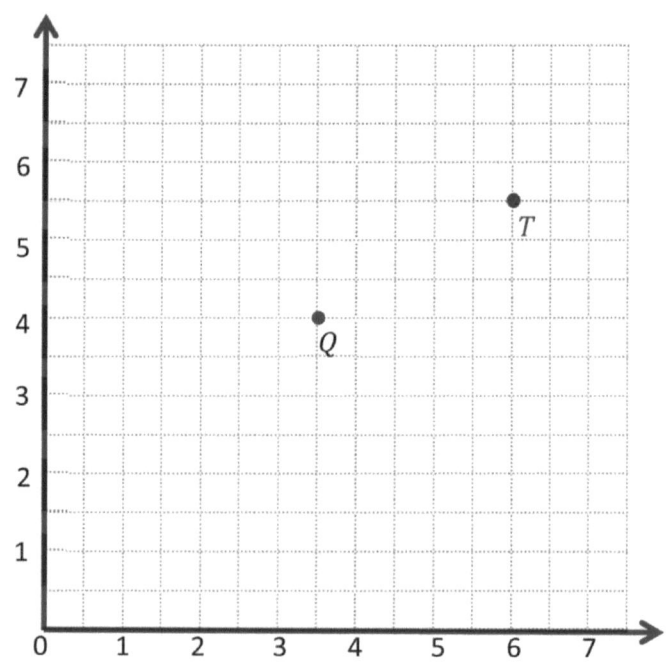

   f. 比较点的坐标 Q 和 R。有什么区别 x-坐标？的 y-坐标？

   g. 您在(e)和(f)部分中发现的差异与这两部分组成的三角形之间的关系是什么？

3. $\overline{EF}$ 包含以下几点。　　　　　　$E:(4,1)$　　　　$F:(8,7)$

   给出一对点的坐标 G 和 H，这样 $\overline{EF} \perp \overline{GH}$。

   $G:(\_\_\_\_,\_\_\_\_)$　　$H:(\_\_\_\_,\_\_\_\_)$

姓名 _____   日期 _____

使用下面的坐标平面完成以下任务。

a. $\overline{UV}$ 画。

b. 绘图点 W（$4\frac{1}{2}$, 6）。

c. $\overline{VW}$ 画。

d. 解释你怎么知道 ∠UVW 是不测量的直角。

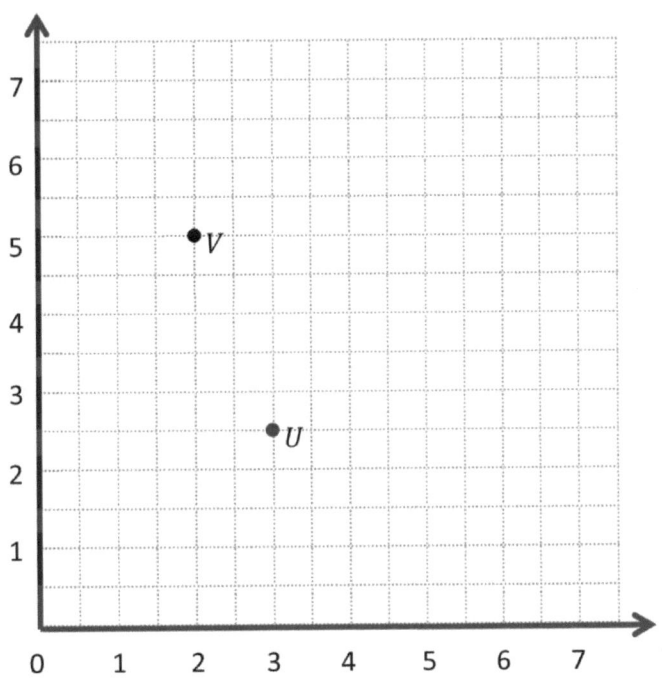

单位的故事

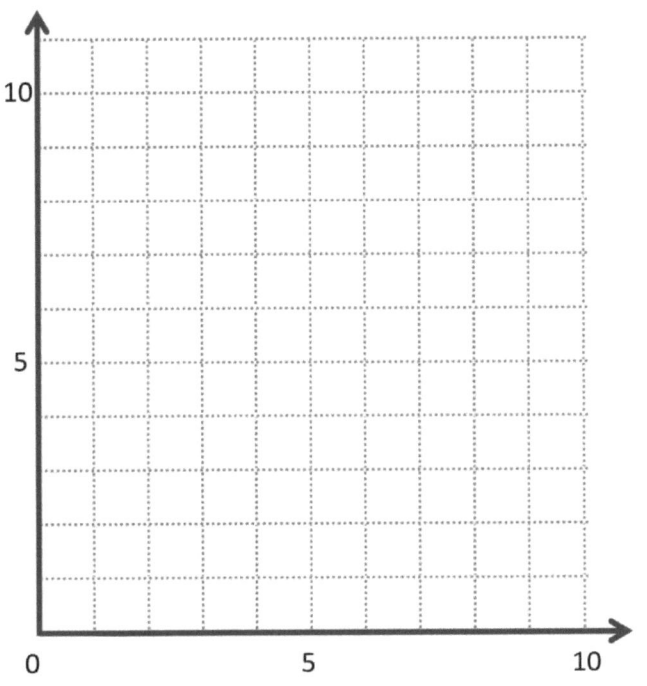

	(x , y)
A	
B	
C	

	(x , y)
D	
E	
F	

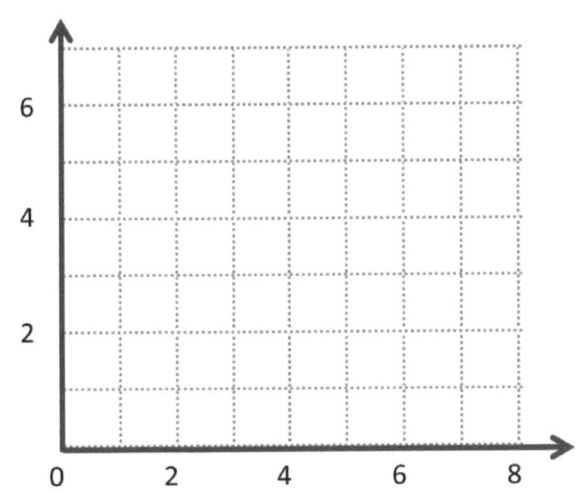

	(x, y)
G	
H	
I	

坐标平面

第16课： 构造垂直线段，并分析坐标对。

在坐标平面上绘制 $(10, 8)$ 和 $(3, 3)$，将点与直尺连接，并将其标记为 C 和 D。

a. 画一条平行于 $\overline{CD}$。

b. 画一条垂直于 $\overline{CD}$。

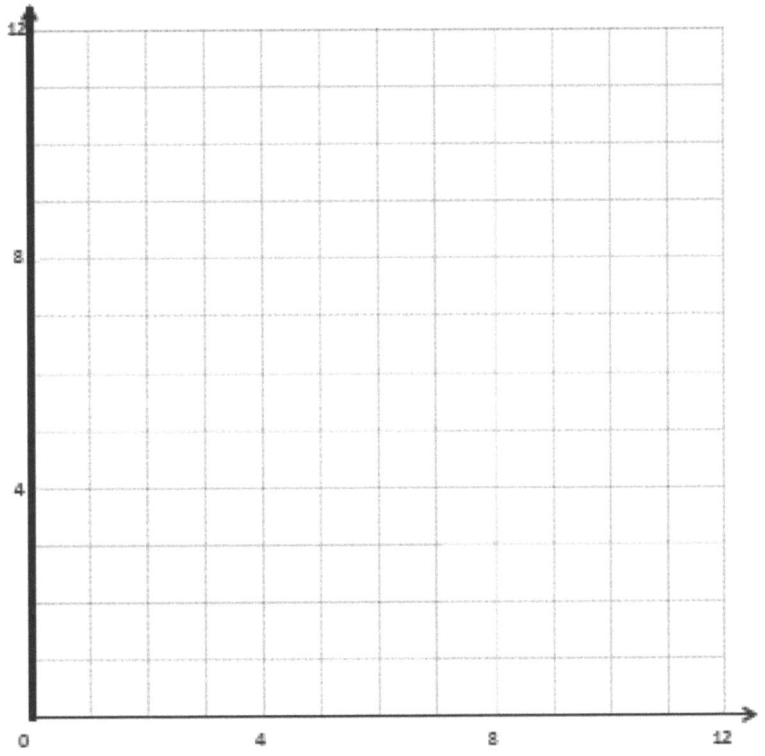

阅读　　　　绘画　　　　编写

姓名 _____ 日期 _____

1. 绘制以创建对称的图形 $\overleftrightarrow{AD}$。

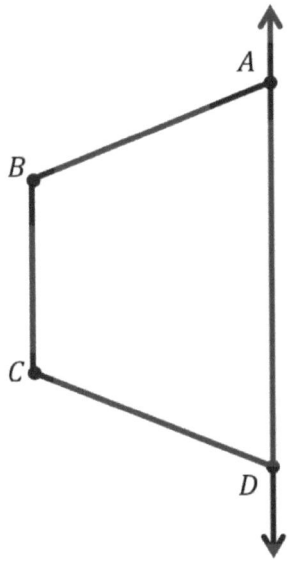

2. 精确绘制以创建关于 $\overleftrightarrow{HI}$。

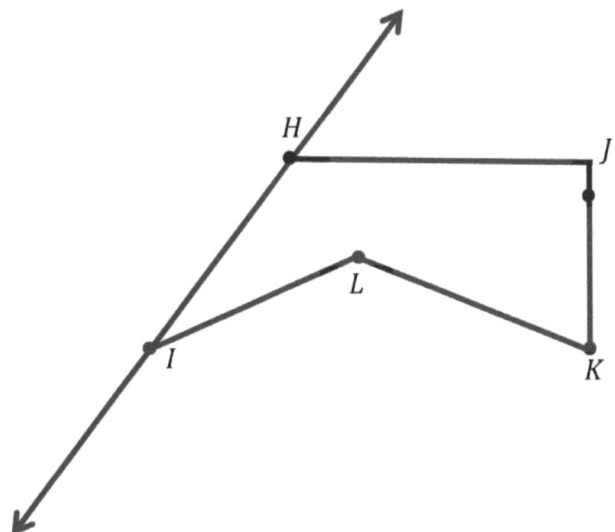

3. 在下面的空间中完成以下构造。

   a. 绘制3个非共线点 D，E 和 F。

   b. 画 $\overline{DE}$，$\overline{DF}$ 和 $\overline{DF}$。

   c. 绘图点 G，并画出其余边，例如四边形 $DEFG$ 关于 $\overline{DF}$。

4. 斯图说四边形 $HIJK$ 关于 $\overline{DF}$ 因为 $IL = LK$。使用您的工具确定Stu的错误。解释你的想法。

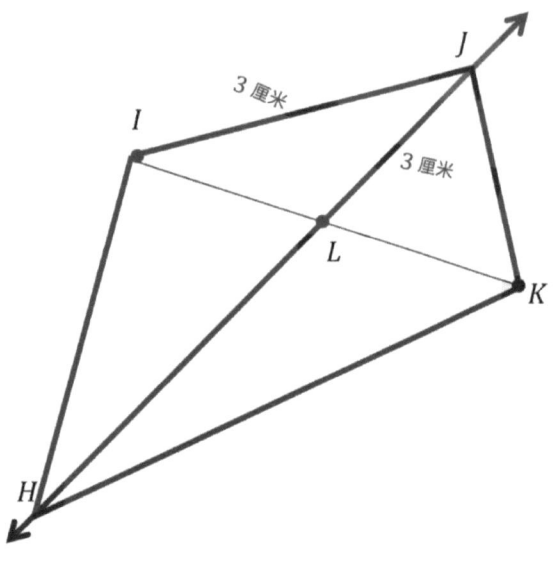

姓名 _____ 日期 _____

1. 在下面的线的一侧绘制2个点，并将其标记为 T 和 U 。

2. 使用三角尺和标尺在直线上绘制与以下位置相对应的对称点：$\check{T}$ 和 $\check{U}$ ，并贴上标签 V 和 W 。

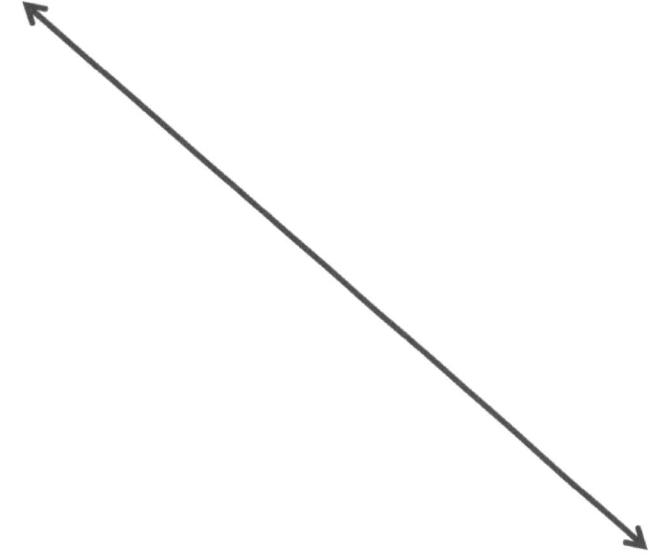

丹尼斯买了8米长的缎带。他用3.25米作为礼物。他平均使用剩余的缎带将弓箭绑在5个盒子上。他在每个盒子上用了多少色带？

阅读　　　　绘画　　　　编写

第18课： 在坐标平面上绘制对称图形。

姓名 _____ 日期 _____

1. 使用右侧的飞机来完成以下任务。

   a. 画一条线 t 谁的规则是 y 总是 0.7 。

   b. 绘制表A上的点网格顺序。然后画线段连接点。

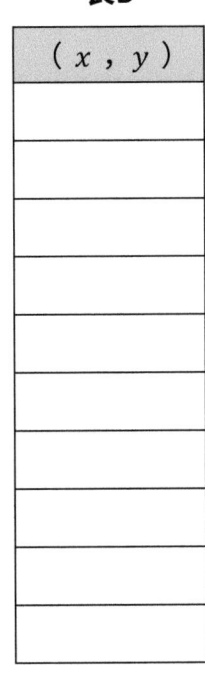
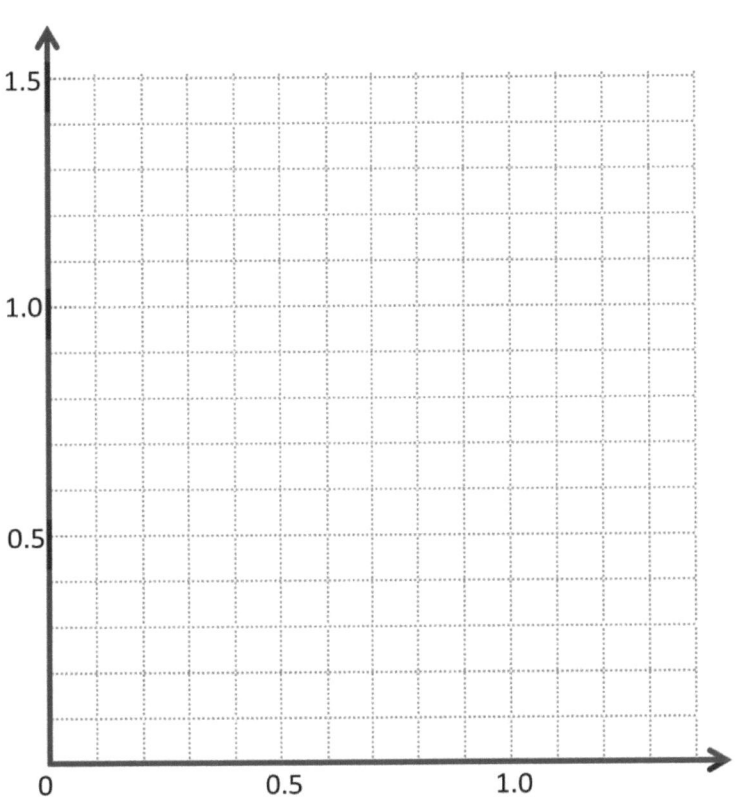

表A	表B
(x , y)	(x , y)
(0.1, 0.5)	
(0.2, 0.3)	
(0.3, 0.5)	
(0.5, 0.1)	
(0.6, 0.2)	
(0.8, 0.2)	
(0.9, 0.1)	
(1.1, 0.5)	
(1.2, 0.3)	
(1.3, 0.5)	

   c. 完成工程图以创建关于线对称的图形 t 。对于表A中的每个点，在表B中的对称线的另一侧记录相应的点。

   d. 比较 y -表A中的坐标与表B中的坐标。你注意到什么？

   e. 比较 x -表A中的坐标与表B中的坐标。你注意到什么？

2. 该图具有第二条对称线。在平面上绘制直线，并为该直线编写规则。

3. 使用下面的飞机完成以下任务。

   a. 画一条线 u 谁的规则是 y 等于 $x + \frac{1}{4}$。

   b. 构造一个总共6个点的图形,所有图形都位于该线的同一侧。

   c. 在表A中按绘制顺序记录每个点的坐标。

   d. 与邻居交换您的论文,并将其完整的部分 (e–f) 放在下面。

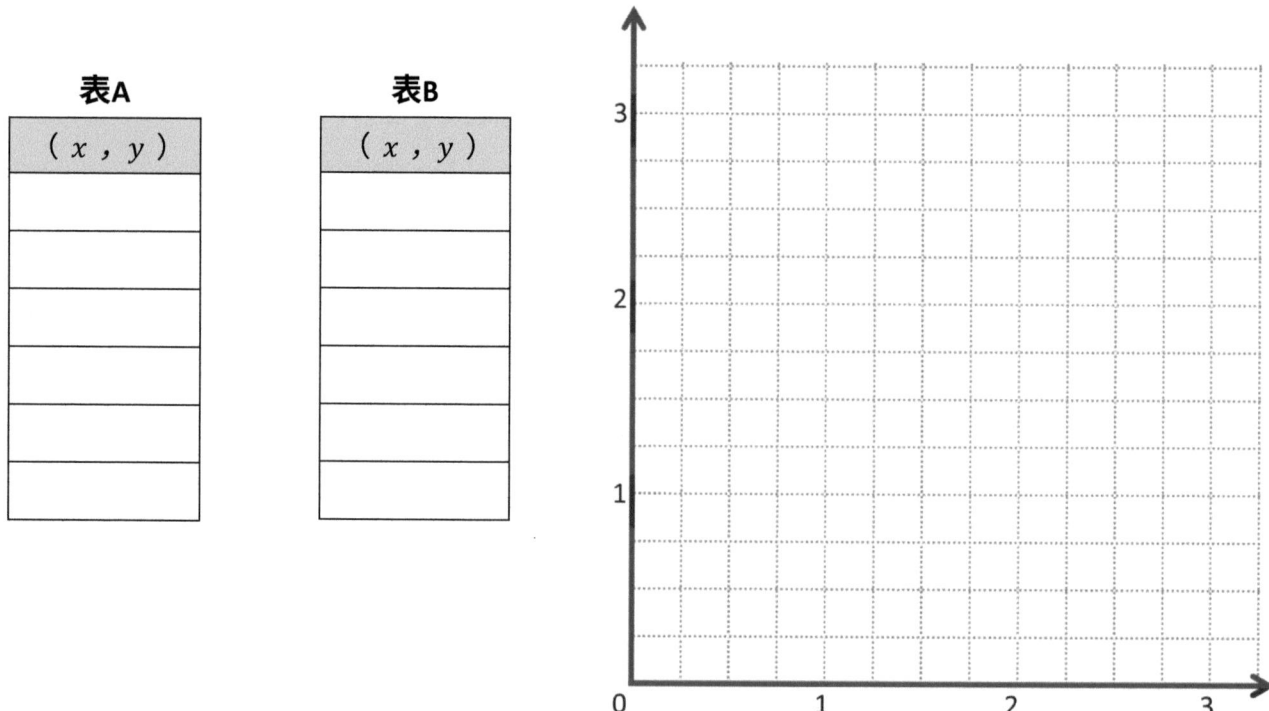

   e. 完成工程图以创建一个对称的图形 u。对于表A中的每个点,在表B中的对称线的另一侧记录相应的点。

   f. 说明您如何发现与合作伙伴的对称点 u。

单位的故事 第18课课堂反馈条 5•6

姓名 _____ 日期 _____

肯尼(Kenny)绘制了以下几对点,并说他们用规则对一条线作了对称图形：

$$y \text{ 总是} 4 \text{ 。}$$

(3, 2) 和 (3, 6)

(4, 3) 和 (5, 5)

$(5, \frac{3}{4})$ 和 $(5, 7\frac{1}{4})$

$(7, 1\frac{1}{2})$ 和 $(7, 6\frac{1}{2})$

他的图关于线对称吗？你如何知道？

单位的故事

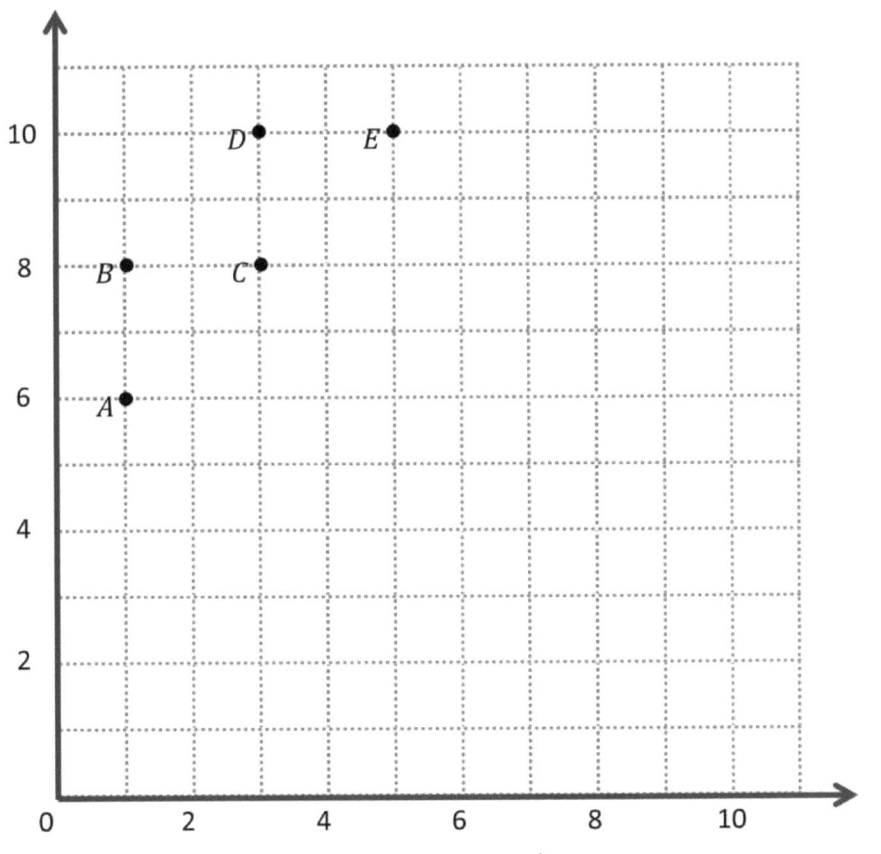

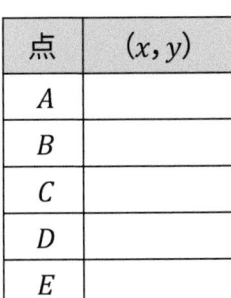

表E	
点	(x, y)
A	(1, 1)
B	($1\frac{1}{2}$, $3\frac{1}{2}$)
C	(2, 3)
D	($2\frac{1}{2}$, $3\frac{1}{2}$)
E	($2\frac{1}{2}$, $2\frac{1}{2}$)
F	($3\frac{1}{2}$, $2\frac{1}{2}$)
G	(3, 2)
H	($3\frac{1}{2}$, $1\frac{1}{2}$)

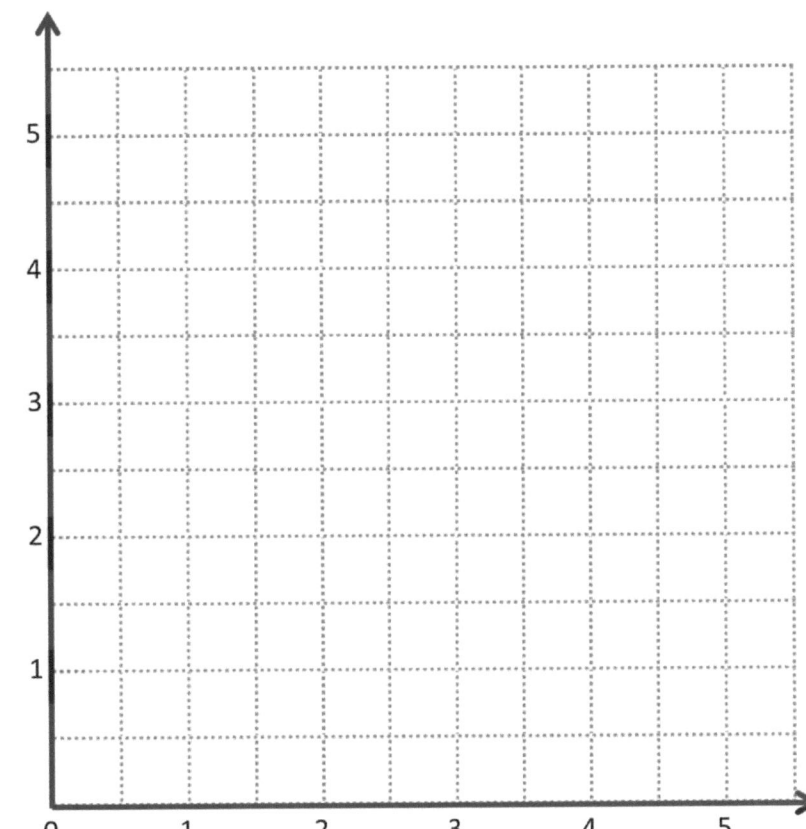

坐标平面

第18课： 在坐标平面上绘制对称图形。

单位的故事 第19课应用题

三英尺等于1码。下表显示了转换。使用信息来完成以下任务：

英尺	码
3	1
6	2
9	3
12	4

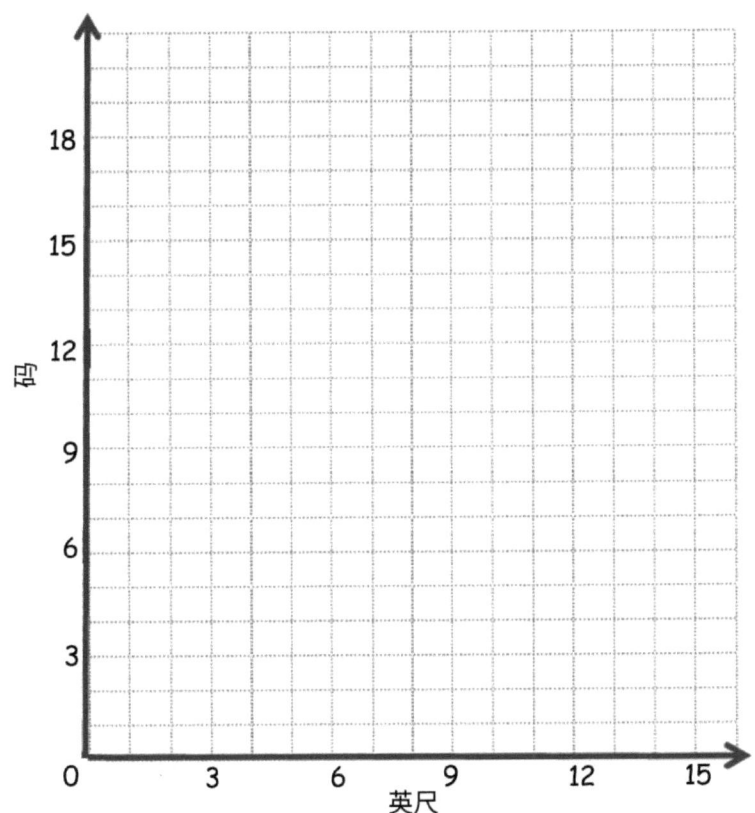

1. 绘制每组坐标。
2. 用直尺连接每个点。
3. 在这条线上再画一个点，并写出它的坐标

阅读　　　绘画　　　编写

第19课： 在折线图上绘制数据并分析趋势。

4. 27英尺可以转换成多少码？

5. 编写描述该行的规则。

阅读　　　　　绘画　　　　　编写

姓名 _____ 日期 _____

1. 下面的线图跟踪在暴雨期间每半小时测量一次的降雨累积量，开始于2:00 pm，结束于7:00 pm 使用图中的信息来回答问题接下来。

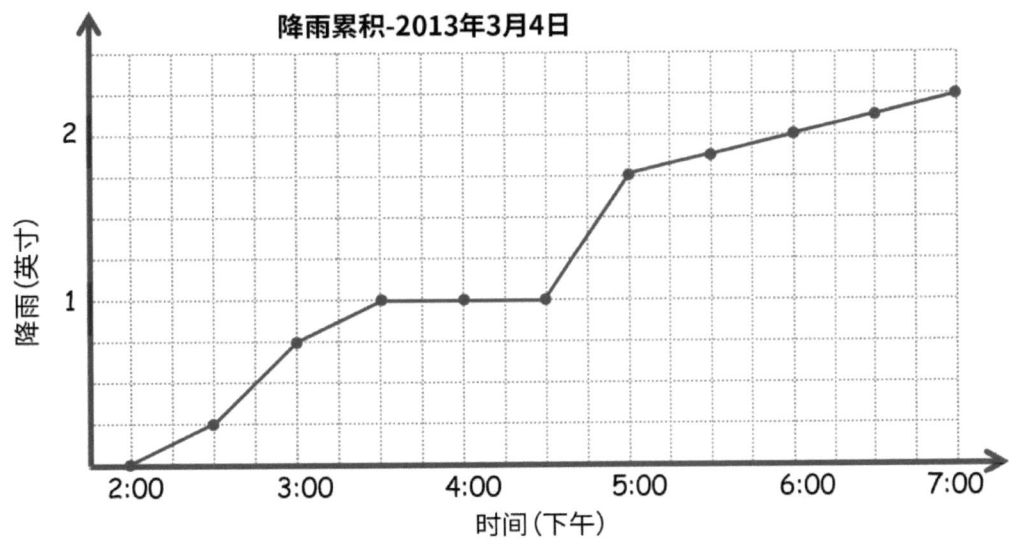

a. 在这五个小时内，有多少英寸的雨落下来？

b. 在哪个半小时内 $\frac{1}{2}$ 寸寸的雨落？解释你怎么知道的。

c. 在哪个半小时内降雨量下降最快？解释你怎么知道的。

d. 您为什么认为在下午3:30和下午4:30之间，生产线是水平的？

e. 每降下一英寸的雨水，山上附近的一个社区就会积雪半尺。在5:00 pm和7:00 pm之间的山区社区降了多少英寸的雪？

2. 博伊德先生每个月的第一天都要检查自己家里油箱上的压力表。右边的折线图是使用他收集的数据创建的。

   a. 根据图表，在此期间一个月(s)加油量下降最快？

   b. Boyds休了一个月的假期。在哪个月份中最忙可能发生？解释你怎么知道使用图中的数据。

   c. 博伊德先生的燃料公司给他的油箱加油今年一次。在哪个月份这最有可能发生吗？解释你如何知道。

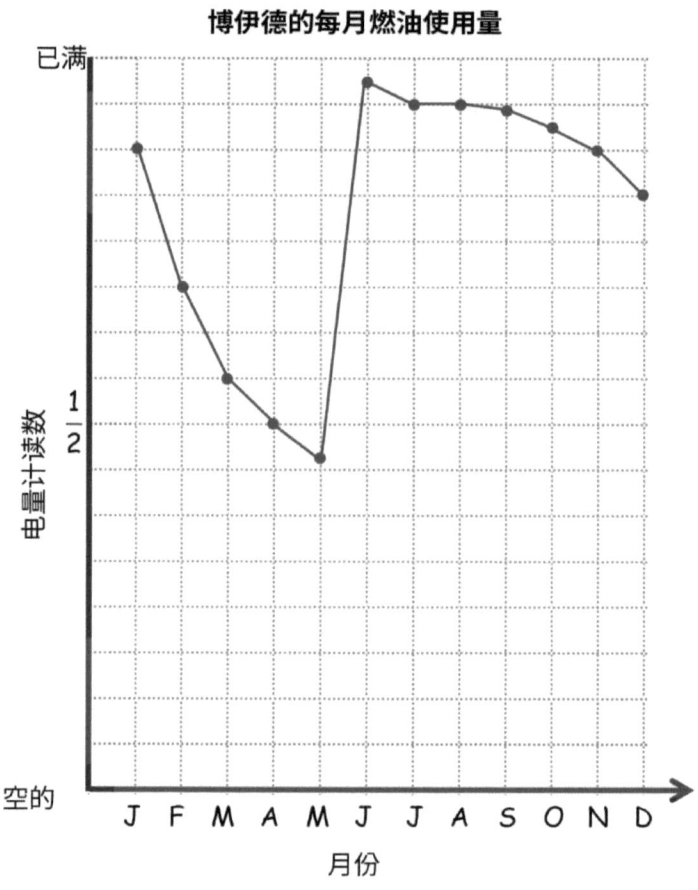

博伊德的每月燃油使用量

   d. 博伊德一家的燃油箱装满后可容纳284加仑燃油。多少加仑的燃料做了Boyds在二月份使用？

   e. 博伊德先生每加仑燃料要支付3.54美元。2月和3月使用的燃料价格是多少？

姓名 _____   **日期** _____

下面的线图跟踪了每个星期天测量的Plainsview Creek的水位，持续8周。使用图中的信息来回答随后的问题。

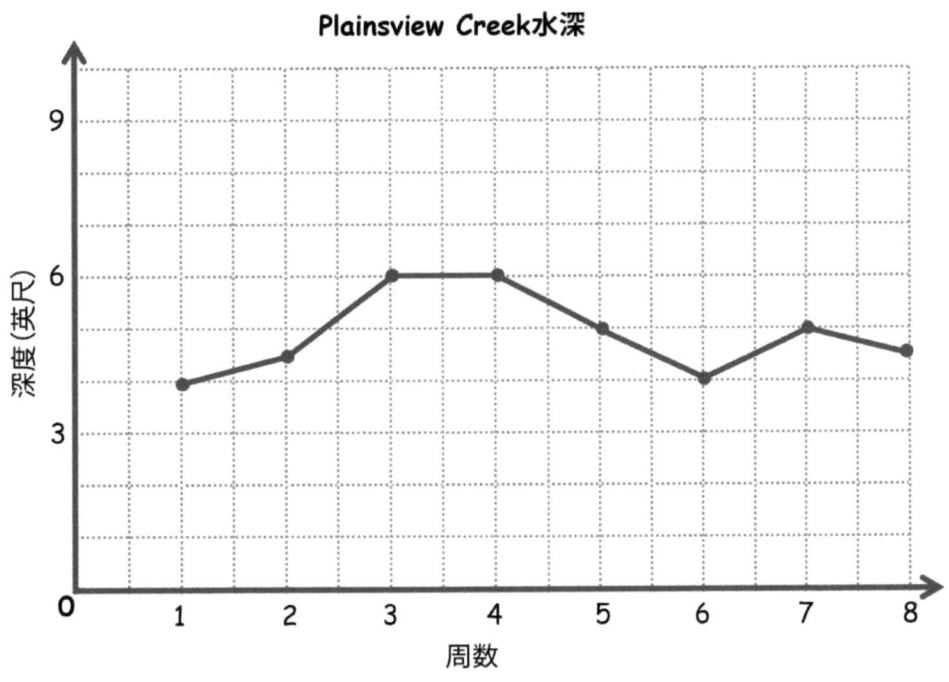

a. 第1周小河深了几英尺？ _____

b. 根据图表，哪个星期的水深变化最大？ _____

c. 整个第六周下大雨。在其他几周内可能会下雨？说明你为什么这么认为。

d. 什么可能是导致小河深度增加的另一个原因？

姓名 _____ 日期 _____

1. 下面的折线图跟踪一种番茄植物的番茄总产量。在每8周结束时绘制番茄总产量。使用图中的信息来回答随后的问题。

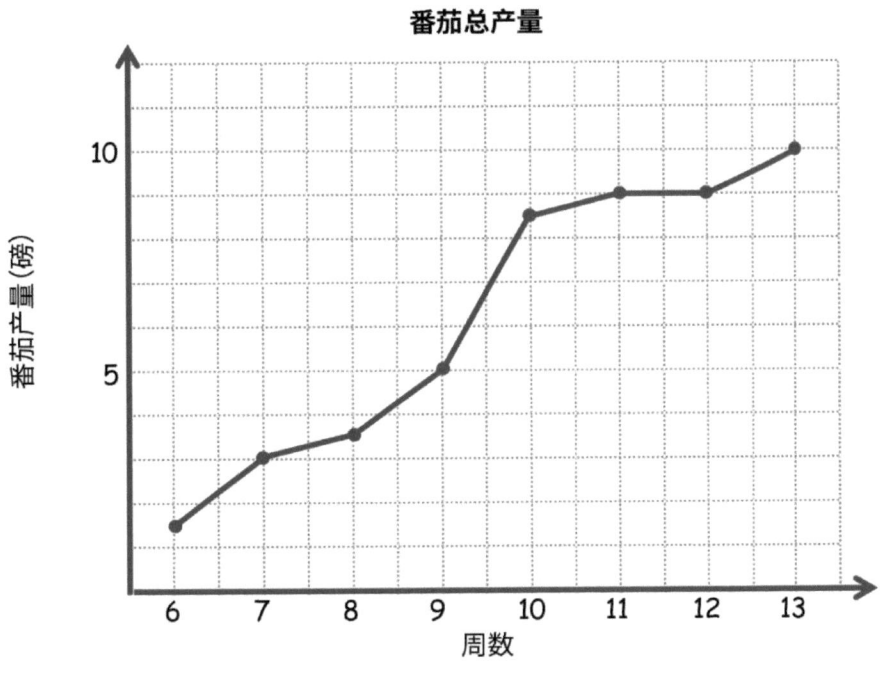

   a. 该植物在13周结束时生产了多少磅西红柿？

   b. 从第7周到第11周，这种植物生产了多少磅西红柿？解释你如何知道。

   c. 哪个星期显示番茄产量变化最大？至少？解释你如何知道。

   d. 在第6-8周期间，杰森(Jason)给番茄植物喂水。在第8-10周，他混合使用了水和肥料A，在第10-13周时，他在番茄植株上使用了水和肥料B。比较这些时间段内的番茄产量。

2. 使用下面的故事上下文来绘制折线图。然后，回答随后的问题。

玉兰学校的五年级学生人数随着时间的推移而变化。学校于2006年开放，五年级有156名学生。学生人数每年以同样的速度增长，然后在2008年达到最大的210名学生类别。次年，木兰失去了一个七年级的七年级学生。2010年，入学人数下降到154名学生，2011。在接下来的两年中，入学人数每年增加7名学生。

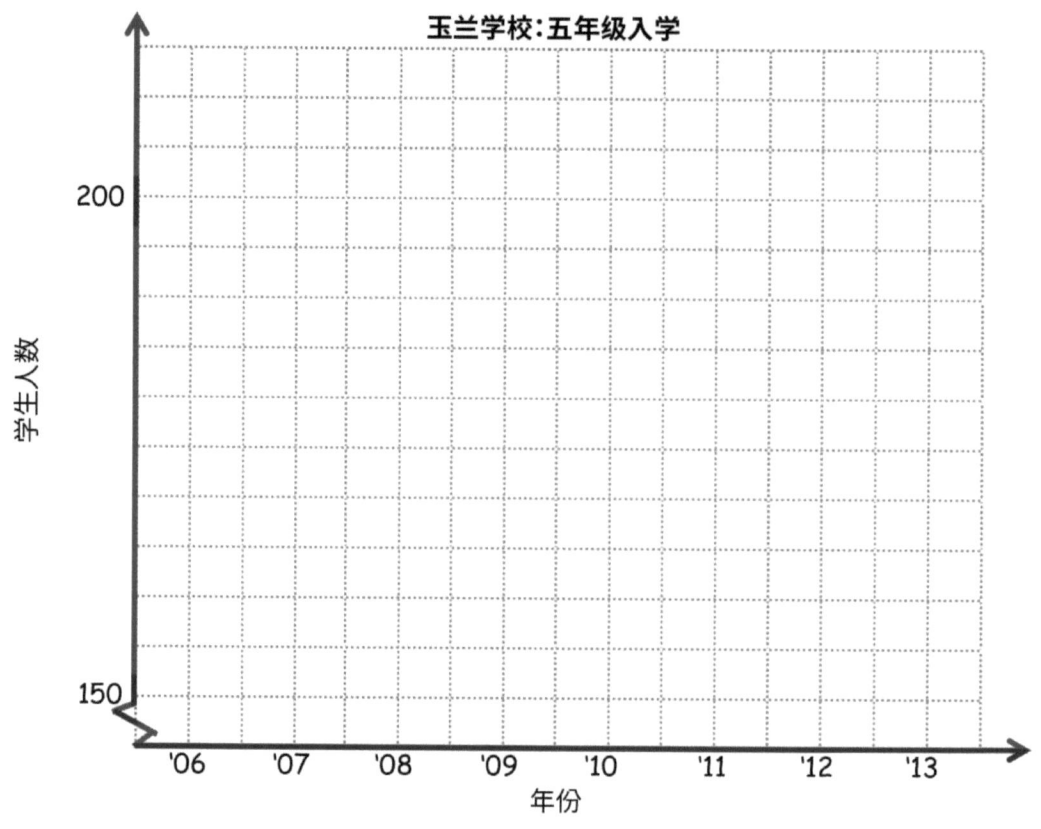

a. 与2013年相比，2009年参加木兰大学的五年级学生有多少？

b. 在连续两年之间，学生人数变化最大？

c. 如果五年级人口继续以与2012年和2013年相同的方式增长，那么在哪一年的学生人数将与2008年的入学人数相匹配？

单位的故事 第20课课堂反馈条 5•6

姓名 _____ 日期 _____

使用以下信息来完成下面的折线图。然后，回答随后的问题。

哈里在县集市上经营一个热狗摊。当他星期三到达时，他有38打热狗他的立场。该图显示了每天结束时仍未售出的热狗数量（以数十为单位）销售。

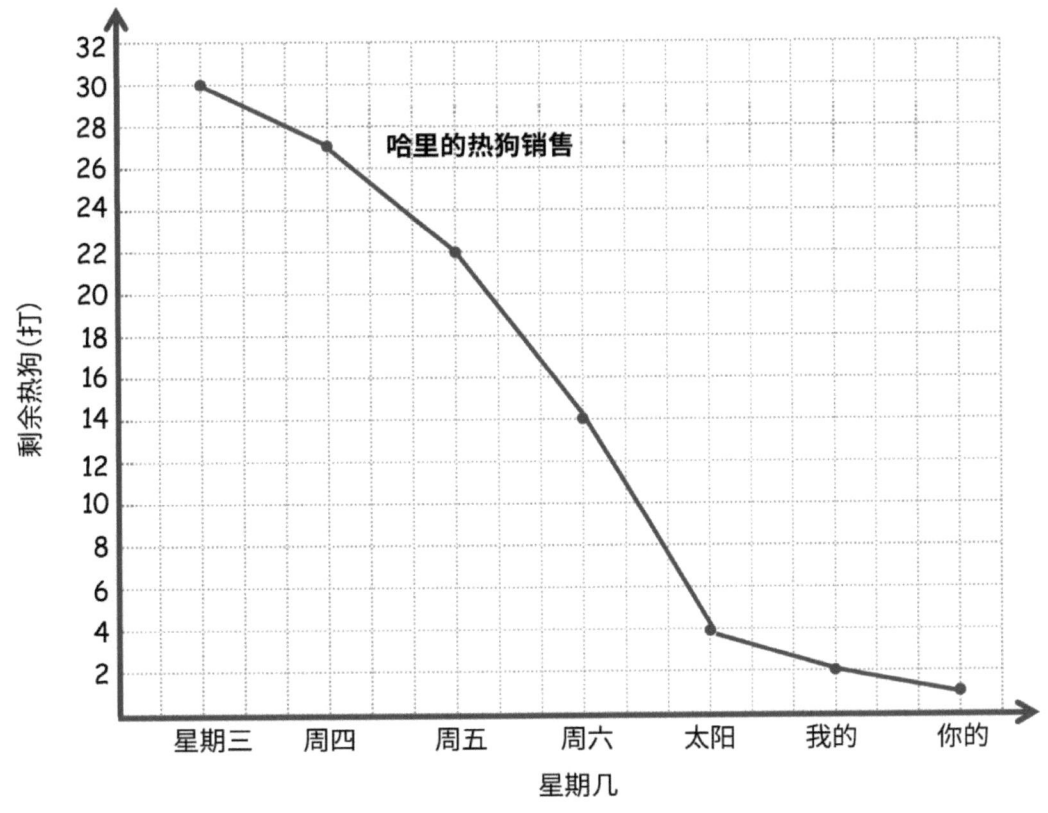

a. 哈利星期三卖了多少打热狗？你如何知道？

b. 在哪两天期间，热狗数量变化最大？说明如何确定答案。

c. 哈利在哪三天内卖出了最多的热狗？

d. 这三天卖了多少打热狗？

学生_____团队_____日期_____问题1

皮埃尔的论文

皮埃尔（Pierre）垂直折叠一张正方形的纸，制成两个矩形。每个矩形的周长为39英寸。原始正方形的每一边多长时间？原始广场的面积是多少？矩形之一的面积是多少？

学生_____团队_____日期_____问题2

与Elise购物

Elise节省了$ 184。她买了一条围巾，一条项链和一个笔记本。购买后，她仍然有39.50美元。围巾的成本是项链成本的五分之三，而笔记本电脑则是围巾的六分之一。每个项目的成本是多少？这条项链比笔记本电脑贵多少钱？

第21-23课： 理解复杂，多步骤的问题，并坚持不懈地解决他们。分享和批评同行的解决方案。

学生_____团队_____日期_____问题3

休伊特地毯

休伊特一家正在为两个房间购买地毯。饭厅是一个正方形,每边长12英尺。巢穴是9码乘5码。休伊特夫人已为两间房间铺地毯的预算为2,650美元。她正在考虑的绿色地毯的价格为每平方英尺42.75美元,而棕色地毯的价格为每平方英尺4.95美元。她可以用什么方法铺满房间并保持预算呢?

学生_____团队_____日期_____问题4

AAA出租车

AAA出租车每行驶一英里收费1.75美元,之后每增加一英里收费1.05美元。如果莱斯利夫人给出租车司机2.5美元的小费,她可以花20美元去多远?

学生_____团队_____日期_____问题5

南瓜和南瓜

三个南瓜和两个南瓜重27.5磅。四个南瓜和三个南瓜重37.5磅。每个南瓜的重量都与其他南瓜相同,每个南瓜的重量也与其他南瓜相同。每个南瓜重多少? 每个南瓜重多少?

学生_____团队_____日期_____问题6

玩具车和卡车

亨利的微型汽车收藏中有20辆敞篷车和5辆卡车。亨利的姨妈给他买了更多的微型卡车后,亨利发现他收藏的五分之一是敞篷车。多少他姑姑买的卡车?

学生_____团队_____日期_____问题7

双童子军

女童子军中的一些女孩正与男童子军中的一些男孩配对练习广场舞。三分之二的女孩与五分之三的男孩配对。侦察员中有百分之几是广场舞？

（每对是一名女童子军和一名男童子军。这对只是来自这两支部队。）

学生_____团队_____日期_____问题8

桑德拉的量杯

桑德拉（Sandra）正在制作需要 $5\frac{1}{2}$ cups 燕麦片。她只有两个量杯：一个半杯还有四分之三的杯子 她能拿到的最小量的瓢是多少 $5\frac{1}{2}$ cups？

学生_____团队_____日期_____问题9

蓝色方块

右图所示的每个连续蓝色正方形的尺寸是前一个蓝色方块的一半。左下蓝色方块尺寸为6英寸乘6英寸。

a. 找到阴影部分的区域。
b. 查找阴影和非阴影部分的总面积。
c. 阴影的哪一部分阴影？

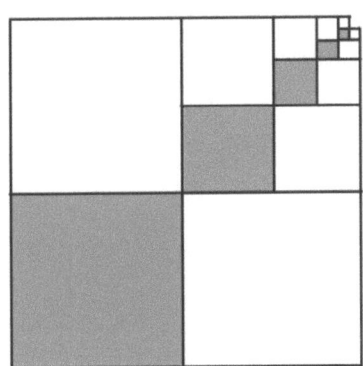

市场上以每磅0.39美元的价格出售西瓜，以每磅0.43美元的价格出售苹果。写一个表达式，显示卡门花了多少钱买一个重11.5磅的西瓜和一袋重3.2磅的苹果。

阅读　　　　绘画　　　　编写

单位的故事

姓名 _____   日期 _____

1. 对于每个书面短语,编写一个数字表达式,然后评估您的表达式。

   a. 十三与六之和的五分之三

      数值表达式:

      解决方案:

   b. 从63的七分之一减去三分之四。

      数值表达式:

      解决方案:

   c. 六分之三的九分之五和三的总和

      数值表达式:

      解决方案:

   d. 五分之四和十五的乘积的四分之三

      数值表达式:

      解决方案:

第26课: 巩固写作和解释数字表达式。

2. 为下面的每个短语至少写2个数字表达式。然后解题。

   a. 八分之二

   b. 四和九乘积的六分之一

3. 用 < ，> ，要么 = 在不计算的情况下做出真实的数字句子。解释你的想法。

   a. $217 \times (42 + \frac{48}{5})$ ◯ $(217 \times 42) + \frac{48}{5}$

   b. $(687 \times \frac{3}{16}) \times \frac{7}{12}$ ◯ $(687 \times \frac{3}{16}) \times \frac{3}{12}$

   c. $5 \times 3.76 + 5 \times 2.68$ ◯ 5×6.99

九分之六	三十二和三十七之和的三分之二	十乘二十的乘积的四分之三少于四分之三	五分之六与三百二十九和两百八十一
是四分之三和三分之二的总和的三倍	三十三岁和二十八岁之间的差异	四分之一，八分之一，六分之二和三分之二的总和的百分之二十七	88与56的总和除以12
九乘八乘以四的乘积	六分之一是十二和四的乘积	十二分之三和四分之三的总和的六份	十八岁的四分之三

表达卡

第26课： 巩固写作和解释数字表达式。

单位的故事　　　　　　　　　　　　　　　　　　　　　第26课模板2

$96 \times (63 + \frac{17}{12})$　　　　◯　　　　$(96 \times 63) + \frac{17}{12}$

$(437 \times \frac{9}{15}) \times \frac{6}{8}$　　　　◯　　　　$(437 \times \frac{9}{15}) \times \frac{7}{8}$

$4 \times 8.35 + 4 \times 6.21$　　　　◯　　　　4×15.87

$\frac{6}{7} \times (3{,}065 + 4{,}562)$　　　　◯　　　　$(3{,}065 + 4{,}562) + \frac{6}{7}$

$(8.96 \times 3) + (5.07 \times 8)$　　　　◯　　　　$(8.96 + 3) \times (5.07 + 8)$

$(297 \times \frac{16}{15}) + \frac{8}{3}$　　　　◯　　　　$(297 \times \frac{13}{15}) + \frac{8}{3}$

$\frac{12}{7} \times (\frac{5}{4} + \frac{5}{9})$　　　　◯　　　　$\frac{12}{7} \times \frac{5}{4} + \frac{12}{7} \times \frac{5}{9}$

比较表情游戏板

第26课：　　巩固写作和解释数字表达式。

姓名 _____ 日期 _____

1. 使用RDW流程解决以下单词问题。

   a. 朱莉娅在一个小时内完成了作业。她花 $\frac{7}{12}$ 在做数学作业的时候和 $\frac{1}{6}$ 练习拼写单词的时间。她剩下的时间都花在阅读上。多少朱莉亚花几分钟在读书上吗？

   b. 弗雷德有36个弹珠。Elise有 $\frac{8}{9}$ 和弗雷德一样多的大理石。安妮卡（Annika） $\frac{3}{4}$ 和Elise一样多的大理石。安妮卡有多少个大理石？

第27课： 巩固写作和解释数字表达式。

2. 编写并解决可能通过使用下表中的表达式解决的单词问题。

表达式	字问题	解
$\dfrac{2}{3} \times 18$		
$(26 + 34) \times \dfrac{5}{6}$		
$7 - \left(\dfrac{5}{12} + \dfrac{1}{2}\right)$		

第27课： 巩固写作和解释数字表达式。

姓名 _____ 日期 _____

1. 回答以下有关流利度的问题。

   a. 流利的数学技能对您意味着什么？

   b. 为什么精通某些数学技能很重要？

   c. 您认为您应该掌握哪些数学技能？

   d. 您觉得最熟练的数学技能是什么？至少流利？

   e. 您如何继续提高流利度？

2. 使用下面的图表列出您今天能熟练使用的技能。

流利的技能

3. 使用下面的图表列出我们今天所练习的技能，这些技能对您来说不太熟练。

练习技巧

单位的故事　　　　　　　　　　　　　　　　　　　　　　　　　第28课模板　5•6

将分数写成整数

材料：（S）个人白板

T：（写 $\frac{13}{2}$ = ___ ÷ ___ = ___ 。）将分数写为除法问题和带分数。

S：（写 $\frac{13}{2}$ = 13 ÷ 2 = $6\frac{1}{2}$）

多练！

$\frac{11}{2}$，$\frac{17}{2}$，$\frac{44}{2}$，$\frac{31}{10}$，$\frac{23}{10}$，$\frac{47}{10}$，$\frac{89}{10}$，$\frac{8}{3}$，$\frac{13}{3}$，$\frac{26}{3}$，$\frac{9}{4}$，$\frac{13}{4}$，$\frac{15}{4}$ 和 $\frac{35}{4}$。

集合的分数

材料：（S）个人白板

T：（写 $\frac{1}{2}$ × 10。）绘制一个磁带图以对整个数字进行建模。

S：（绘制一个磁带图，并将其标记为10。）

T：画一条线将带状图分成两半。

S：（画一条线。）

T：胶带图每个部分的价值是什么？

S：5。

T：那是什么 $\frac{1}{2}$ 10？

S：5。

多练！

$8 × \frac{1}{2}$，$8 × \frac{1}{4}$，$6 × \frac{1}{3}$，$30 × \frac{1}{6}$，$42 × \frac{1}{7}$，$42 × \frac{1}{6}$，$48 × \frac{1}{8}$，$54 × \frac{1}{9}$ 和 $54 × \frac{1}{6}$。

转换为百分之一

材料：（S）个人白板

T：（写 $\frac{3}{4}$ = $\frac{}{100}$。）4倍等于100的倍数？

S：25

T：写出等效分数。

S：（写 $\frac{3}{4}$ = $\frac{75}{100}$）

多练！

$\frac{3}{4}$ = $\frac{}{100}$，$\frac{1}{50}$ = $\frac{}{100}$，$\frac{3}{50}$ = $\frac{}{100}$，$\frac{1}{20}$ = $\frac{}{100}$，$\frac{3}{20}$ = $\frac{}{100}$，$\frac{1}{25}$ = $\frac{}{100}$ 和 $\frac{2}{25}$ = $\frac{}{100}$。

将分数与整数相乘

材料：（S）个人白板

T：（写 $\frac{8}{4}$。）写下相应的分句。

S：（写成 8 ÷ 4 = 2。）

T：（写 $\frac{1}{4}$ × 8。）写出完整的乘法语句。

S：（写 $\frac{1}{4}$ × 8 = 2）

多练！

$\frac{18}{6}$，$\frac{15}{3}$，$\frac{18}{3}$，$\frac{27}{9}$，$\frac{54}{6}$，$\frac{51}{3}$ 和 $\frac{63}{7}$。

流利活动

第28课：　通过5年级技能巩固流利度。

单位的故事 第28课模板 5•6

心灵相乘

材料： (S)个人白板

T： (写9 × 10.) 在你的个人白色板，写完整的乘法句子。

S： (写9 × 10 = 90.)

T： (写9 × 9 = 90 – ____ 9以下 × 10 = 90.) 写出数字句子，填空。

S： (写9 × 9 = 90 – 9.)

T： 9 × 9是 … ？

S： 81。

多练！

9 × 99、15 × 9和29 × 99。

多一单元

材料： (S)个人白板

T： (写五分之一。) 在您的个人白板上，写小数点后五分之一的十分之一。

S： (写0.6。)

多练！

5分, 5分, 8分和2分之一。指定增加单位。

T： (写0.052。) 再写千分之一。

S： (写0.053。)

多练！

35分之一比十分之一比百分之三十五的千分之一还要多
1438比438万分之一多。

查找产品

材料： (S)个人白板

T： (写4 × 3.) 完成以单元形式给出第二个因子的乘法语句。

S： (写4 × 3个 = 12个。)

T： (写4 × 0.2.) 完成以单元形式给出第二个因子的乘法语句。

S： (写4 × 2个十分之一 = 十分之八)

T： (写4 × 3.2.) 完成乘法以单位形式给出第二个因子的句子。

S： (写4 × 三分之二 = 12个八十分之一。)

T： 写出完整的乘法句子。

S： (写4 × 3.2 = 12.8。)

多练！

4 × 3.21、9 × 29 × 0.1、9 × 0.03、9 × 2.13、4.012 × 4和5 × 3.2375。

加减乘小数

材料： (S)个人白板

T： (写7个 + 258千分之一 + 1分之一 = ____。) 用十进制形式写加法句。

S： (写7 + 0.258 + 0.01 = 7.268。)

多练！

7个 + 258千分之一 + 百分之三
6个 + 453千分之一 + 四分之一，
2个 + 三十分之一 + 五分之一，和
6个 + 35个百分点 + 千分之七。

T： (写4个 + 百分之八至二 = ____ ____百分之一。) 用十进制形式写减法语句。

S： (写4.08 – 2 = 2.08。)

多练！

十分之九 + 十分之一至四千分之一，
4个 + 582分之一 – 3分之一，
9个 + 708分之一 – 四分之一，以及
4个 + 73万分之一 – 4分。

流利活动

第28课： 通过5年级技能巩固流利度。

分解小数

材料： (S) 个人白板

T: （项目7.463。）说数字。
S: 7和463千分之一。
T: 代表这个一个中的数字两部分编号与人联系作为一部分千分之一另一部分。
S: （抽奖）
T: 再次代表十分之一千分之一。
S: （抽奖）
T: 再次代表千分之一。

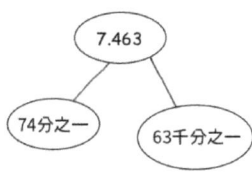

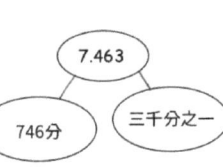

多练！

8.972和6.849。

查找音量

材料： (S) 个人白板

T: 在您的个人白板上，写出用于计算矩形棱镜体积的公式。
S: （写V = 升 × w × H）
T: （绘制并标记一个长5厘米，宽6厘米，高2厘米的矩形棱柱。）写一个乘法语句以查找此直角棱镜的体积。
S: （在V下 = 升 × w × H，写V = 5厘米 × 6厘米 × 2厘米 在其下写下V = 60厘米³）

多练！

l = 7英尺 w = 9英尺，H = 3英尺；

l = 6英寸 w = 6英寸 H = 5英寸；和

l = 4厘米 w = 8厘米，H = 2厘米

制作一个类似的单位

材料： (S) 个人白板

T: 我会说两个单位分数。您制作了类似的单元，并将其写在个人白板上。向董事会展示信号。
T: $\frac{1}{3}$ 和 $\frac{1}{2}$。（暂停。信号。）
S: （写并显示六分之一。）

多练！

$\frac{1}{4}$ 和 $\frac{1}{3}$，$\frac{1}{2}$ 和 $\frac{1}{4}$，$\frac{1}{6}$ 和 $\frac{1}{2}$，$\frac{1}{3}$ 和 $\frac{1}{12}$，$\frac{1}{6}$ 和 $\frac{1}{8}$ 和 $\frac{1}{3}$ 和 $\frac{1}{9}$。

单位换算

材料： (S) 个人白板

T: （写在12 = ___英尺）在您的个人白板上，写12英寸等于多少英尺？
S: （写1英尺。）

多练！

24英寸，36英寸，54英寸和76英寸

T: （写1英尺 = ____ in。）写1英尺等于多少英寸？
S: （写12英寸。）

多练！

2英尺，2.5英尺，3英尺，3.5英尺，4英尺，4.5英尺，9英尺和9.5英尺

流利活动

单位的故事 第28课模板

比较小数部分	舍入到最近的个位
材料： (S)个人白板 T: （写成13.78 ___ 13.86。）在您的个人白板上，使用大于，小于或等号比较数字。 S: （写13.78 < 13.86。） 多练！ $0.78 \_\_\_ \frac{78}{100}$，$439.3 \_\_\_ 4.39$，$5.08 \_\_\_ 58$十分之三，百分之三十五和千分之九___ 4十。	材料： (S)个人白板 T: （写三分之二十分之一。）写3个1和2个十分之一作为小数。 S: （写3.2。） T: （写3.2 ≈ ___。）将3和2的整数四舍五入到最接近的整数。 S: （写3.2 ≈ 3.) 多练！ 3.7、13.7、5.4、25.4、1.5、21.5、6.48、3.62和36.52。
分数乘积	**将数字除以单位分数**
材料： (S)个人白板 T: (写$\frac{1}{2} \times \frac{1}{3} = \_\_\_$。)写出完整的乘法语句。 S: (写$\frac{1}{2} \times \frac{1}{3} = \frac{1}{6}$) T: (写$\frac{1}{2} \times \frac{3}{4} = \_\_\_$。)写出完整的乘法语句。 S: (写$\frac{1}{2} \times \frac{3}{4} = \frac{3}{8}$) T: (写$\frac{2}{5} \times \frac{2}{3} = \_\_\_$。)写出完整的乘法语句。 S: (写$\frac{2}{5} \times \frac{2}{3} = \frac{4}{15}$) 多练！ $\frac{1}{2} \times \frac{1}{5}$，$\frac{1}{2} \times \frac{3}{5}$，$\frac{3}{4} \times \frac{3}{5}$，$\frac{4}{5} \times \frac{2}{3}$ 和 $\frac{3}{4} \times \frac{5}{6}$。	材料： (S)个人白板 T: （写$1 \div \frac{1}{2}$。）1中有几半？ S: 2。 T: （写$1 \div \frac{1}{2} = 2$。在它下面，写$2 \div \frac{1}{2}$。）在2中有一半？ S: 4。 T: （写$2 \div \frac{1}{2} = 4$。在它下面，写$3 \div \frac{1}{2}$。）在3中有几半？ S: 6。 T: （写$3 \div \frac{1}{2} = 6$。在它下面，写$7 \div \frac{1}{2}$。）写下完整的除法句。 S: （写$7 \div \frac{1}{2} = 14$ ） 多练！ $1 \div \frac{1}{3}$，$2 \div \frac{1}{5}$，$9 \div \frac{1}{4}$ 和 $3 \div \frac{1}{8}$。

流利活动

第28课： 通过5年级技能巩固流利度。

具有两对等边的四边形，它们也相邻。	转过的角度 $\frac{1}{360}$ 一圈。	具有至少一对平行线的四边形。	由线段组成的闭合图形。
空间或容量的度量。	四边形，两边平行。	角度为90度。	共享同一顶点的两条不同光线的并集。
覆盖二维形状的正方形单位的数量。	平面中的两条不相交的线。	形成直角棱镜的底座的相邻层数。	具有六个方形边的三维图形。
具有四个90度角的四边形。	具有4个边和4个角度的多边形。	均等的平行四边形。	用于测量的尺寸相同的多维数据集。
两条相交的线形成90度角。	具有六个矩形边的三维图形。	三维图。	3-D图形的任何平面。
一条线，以90度将线段切割成两个相等的部分。	相同大小的正方形，用于测量。	仅具有90度角的矩形棱镜。	3-D实体的一个面，通常被认为是该实体位于其上的表面。

几何定义

第29课： 巩固几何词汇。

单位的故事

基础	固体体积	立方单位	风筝
高度	一度角	面对	梯形
对长方形棱镜	垂直二等分	立方体	面积
垂直线数	菱形	平行线	角
多边形	长方柱	平行四边形	矩形

几何术语

第29课： 巩固几何词汇。

在部落你嗡嗡声：

人数：2

描述：玩家将几何术语牌面朝下放置在一堆中，并在选择牌时在1分钟内命名每个图形的属性。

- 玩家A翻转第一张牌并在30秒内说出尽可能多的属性。
- 当玩家A声明错误的属性或时间到时，玩家B会说"嗡嗡"。
- 玩家B解释了为什么该属性不正确（如果适用），然后可以在30秒钟内开始列出有关图形的属性。
- 玩家为每个正确的属性得分。
- 游戏继续进行，直到学生用完人物的属性为止。选择了一张新卡，然后继续播放。游戏结束时得分最高的玩家获胜。

浓度：

玩家人数：2–6

说明：玩家坚持不懈地将术语卡与其定义和说明卡相匹配。

- 并排创建两个相同的数组：术语卡之一，定义和描述卡之一。
- 玩家轮流翻转成对的纸牌以找到比赛。匹配是一个词汇术语及其定义或描述卡。如果不匹配，卡将在阵列中保持其精确位置。剩余的卡不会重新配置到新阵列中。
- 匹配所有纸牌后，对数最多的玩家为获胜者。

猜我的任期的三个问题！

玩家人数：2-4

描述：玩家选择并秘密查看期限卡。其他参与者轮流询问有关该术语的是或否问题。

- 玩家可以跟踪他们对纸上术语的了解。
- 只能回答是或否。（不允许使用"哪种角度？"。）
- 在3个问题之后必须做出最后的猜测，但可能会更早做出。一旦玩家说出"这是我的猜测"，该玩家便不会再问其他问题了。
- 如果在1或2个问题后正确猜出了该术语，则可获得2分。如果全部使用了3个问题，则只能获得1分。
- 如果没有玩家猜对，持卡人将获得积分。
- 当持卡人左侧的玩家选择一张新卡并再次开始提问时，游戏继续进行。
- 当玩家达到预定分数时，游戏结束。

答对了：

球员人数：至少4人

描述：玩家将定义与术语匹配，成为第一个填充行，列或对角线的术语。

- 玩家在数学宾果卡的每个框中写下一个几何条件。每个术语只能使用一次。上面写着的盒子数学宾果！是一个自由空间。
- 玩家将填写好的数学宾果游戏模板放置在自己的白板中。
- 一个人是呼叫者，并从几何定义卡中读取定义。
- 玩家交叉或覆盖与定义相符的字词。
- 答对了！"当连续5个词汇对角线，垂直线或水平线交叉时被调用。可用空间计为1个框，对应于所需的5个词汇量。
- 第一个连续拥有5个牌手的玩家将读取每个交叉的单词，陈述其定义，并给出每个单词的描述或示例。如果呼叫者确定合理地解释了所有单词，则将玩家声明为赢家。

游戏方向

第30课： 巩固几何词汇。

		Math BINGO		

		Math BINGO		

宾果卡

第30课： 巩固几何词汇。

第1步　　画 $\overline{AB}$ 在一张空白纸的底部附近居中3英寸长。

第2步　　画 $\overline{AC}$ 3英寸长，这样 ∠ 商业咨询委员会测量108°。

第三步　　画 $\overline{CD}$ 3英寸长，这样 ∠ACD 测量108°。

第4步　　画 $\overline{DE}$ 3英寸长，这样 ∠CDE 测量108°。

第5步　　$\overline{EB}$ 画。

第6步　　测量 $\overline{EB}$ 。

阅读　　　　绘画　　　　编写

第31课：　　探索斐波那契数列。

单位的故事 第32课应用问题 5•6

姓名 _____ 日期 _____

第32课： 探索斐波那契数列。

单位的故事 | 第32课应用问题 | 5•6

写下斐波那契数列。分析哪些数字是偶数。偶数有规律吗？为什么？想想您昨天做的正方形螺旋。

阅读　　　　绘画　　　　编写

第32课： 探索省钱的方式。

姓名 _____   日期 _____

1. 阿什利决定省钱,但她想在一年内积累起来。她以$ 1.00开始,每周增加$ 1。填写表格以显示一年后她将节省多少。

周	加	总计	周	加	总计
1	$1.00	$1.00	27		
2	$2.00	$3.00	28		
3	$3.00	$6.00	29		
4	$4.00	$10.00	30		
5			31		
6			32		
7			33		
8			34		
9			35		
10			36		
11			37		
12			38		
13			39		
14			40		
15			41		
16			42		
17			43		
18			44		
19			45		
20			46		
21			47		
22			48		
23			49		
24			50		
25			51		
26			52		

第32课:　　探索省钱的方式。

2. 卡莉也想省钱，但她必须从较小单位的宿舍开始。完成第二张图表，以显示如果她每周增加四分之一的存款，到年底她将节省多少。如果可以，请尝试一下！

周	加	总计
1	$ 2.25	$ 0.25
2	$ 0.50	$ 0.75
3	$ 0.75	$ 1.50
4	$ 1.00	$ 2.50
5		
6		
7		
8		
9		
10		
11		
12		
13		
14		
15		
16		
17		
18		
19		
20		
21		
22		
23		
24		
25		
26		

周	加	总计
27		
28		
29		
30		
31		
32		
33		
34		
35		
36		
37		
38		
39		
40		
41		
42		
43		
44		
45		
46		
47		
48		
49		
50		
51		
52		

第32课： 探索省钱的方式。

3. David决定他想比Ashley节省更多的钱。他这样做是通过添加下一个斐波纳契数而不是每周增加$ 1.00。使用您的计算器填写图表,并找出到年底他将节省多少钱。这对大多数人来说现实吗? 解释你的答案。

周	加	总计	周	加	总计
1	$1	$1	27		
2	$1	$2	28		
3	$2	$4	29		
4	$3	$7	30		
5	$5	$12	31		
6	$8	$20	32		
7			33		
8			34		
9			35		
10			36		
11			37		
12			38		
13			39		
14			40		
15			41		
16			42		
17			43		
18			44		
19			45		
20			46		
21			47		
22			48		
23			49		
24			50		
25			51		
26			52		

第32课: 探索省钱的方式。

单位的故事 第33课习题集 5•6

姓名 _____ 日期 _____

在下面记录您的盒子和盖子的尺寸。说明您为Box 2和盖子选择的尺寸的理由。

专栏1（可以将盒子2装在里面。）

方框1的尺寸为_____ × _____ × _____。

它的容量是_____。

专栏2（适合箱1。）

方框2的尺寸为_____ × _____ × _____。

推理：

盖（紧贴框1以保护内容。）

盖子的尺寸是_____ × _____ × _____。

推理：

第33课： 设计和建造用于容纳夏季使用材料的盒子。

1. 您采取了哪些步骤来确定盖子的尺寸？

2. 找到方框2的体积。然后，找到方框1和2的体积差异。

3. 想象一下，创建框3时，每个尺寸都比框2小1厘米。方框3的体积是多少？

史蒂文 (Steven) 是个 $ 280 的＿＿＿＿＿＿。他花了 $\frac{1}{4}$ 他的钱放在＿＿＿＿＿＿上，$\frac{5}{6}$ 其余的放在＿＿＿＿＿＿上。他一共花了多少钱？

_____

_____

_____

阅读　　　　绘画　　　　编写

第34课：　　设计和建造用于容纳夏季使用材料的盒子。

单位的故事 第34课习题集 5•6

姓名 _____ 日期 _____

我查看了 _____ 的工作。

使用下面的图表评估您朋友的两个盒子和盖子。测量并记录尺寸，然后计算盒子体积。然后，评估适用性，并在相邻列中提出改进建议。

尺寸和体积	盒子或盖子合适吗？说明。	改善建议
专栏1 尺寸： 总容积：		
专栏2 尺寸： 总容积：		
盖尺寸：		

第34课: 设计和建造用于容纳夏季使用材料的盒子。 213

鸣谢

Great Minds®竭尽全力获得转载所有版权教材的许可。如对任何版权材料的拥有人未在此致谢,请联系 Great Minds,以在未来的版本以及本模块的转载中获得正确的致谢。

Printed by Libri Plureos GmbH in Hamburg, Germany